二十几岁必修的5堂失败课

漆宇勤 赖咸院 著

中国商业出版社

图书在版编目（CIP）数据

二十几岁必修的5堂失败课 / 漆宇勤，赖咸院编著
. -- 北京：中国商业出版社，2019.9
ISBN 978-7-5208-1102-6

Ⅰ.①二… Ⅱ.①漆… ②赖… Ⅲ.①成功心理—青年读物 Ⅳ.①B848.4-49

中国版本图书馆CIP数据核字(2019)第287719号

责任编辑：谭怀洲

中国商业出版社出版发行
010-63180647 www.c-cbook.com
（100053 北京广安门内报国寺1号）
新华书店经销
天津兴湘印务有限公司印刷

* * * * *

710毫米×1000毫米　16开　22印张　280千字
2020年6月第1版　2020年6月第1次印刷

定价：49.80元

* * * * *

（如有印装质量问题可更换）

目录

第一章 如何看待你的失败

一、可以不成功，但不能不懂失败/003

二、失败是人生必需的经历/011

三、在失败中找寻自我的方向/018

四、失败是一种巨大的力量/023

五、失败有时是成功的捷径/030

六、从失败中找到自信/042

七、失败能让你看透现实/049

八、失败让你摸清规律/055

九、失败中藏有机遇/062

十、让失败来完善自己/068

第二章 挑战失败的未知因素

一、失败从不下通知书/081

二、失败的征兆藏得很深/089

三、过程承载着失败的终点/096

四、失败的应急方案不可少/101

五、事预则立,不预则废/111

六、失败让你不断进步/118

七、在失败中看到曙光/124

八、一着不慎,满盘皆输/129

九、不因失败而轻言放弃/136

第三章 如何应对不期而至的失败

一、现实总是不如意/145

二、失败心态决定下一次的崛起/151

三、每一次失败都有根源/154

四、失败过后是成功/157

五、幽默带你趟过失败时面子的河/164

六、懂得取舍让你更快摆脱失败/170

七、重整思路,卷土重来/177

八、永葆积极心态/184

九、头脑风暴能减少失败风暴/196

第四章 主动设计几次失败

一、被动遭遇失败不如主动设计失败/205

二、为寻找成功而制造失败/212

三、试一次,衡量失败的承受力/217

四、败错才能展现真实面目/223

五、失错就能快速地了解/231

六、揭露局部,以把握整体/238

七、暂时失败,收获长远/245

八、正视失败,找到前进的方向/253

九、要透视它,就让它完全失败/260

第五章 从你的失败走向成功

一、走出因从众带来的失败——铸就你的独特之处/271

二、不做错误的抉择——锻炼你的判断力/276

三、没有摸不准的问题——提升解决问题的能力/283

四、不再屈服于环境——提升面对环境的能力/286

五、规避意料之外的失败——锻炼你的应急能力/293

六、改善糟糕的人际关系——提升你的人脉力/300

七、不再与机会"擦肩而过"——锻炼你捕捉机遇的能力/309

八、远离自信的挫败——磨炼你的承受力/319

九、超越失败——自信是成功的第一秘诀/329

十、从失败走向成功/335

后记：失败的下一步是不再失败

第一章
如何看待你的失败

很显然,你并不想要失败。但是,没有谁能避免失败,上天并不仅仅为某一个人而存在,没有谁可以永远享有成功、辉煌、鲜花和掌声。问题是,当或大或小的失败来临时,你究竟该如何看待?心态决定事态的发展走向。如何看待失败,决定了你能否走出失败。

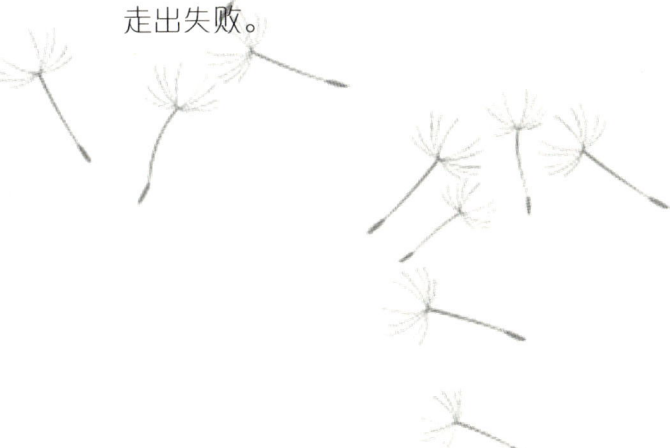

一、可以不成功，但不能不懂失败

关于人生年龄阶段的划分，向来有很多不同的说法。但是，我想你应该不会怀疑我的说法：二十几岁，是最美好、最珍贵，规划人生最重要的时期——无论你是即将二十几岁，或者正在二十几岁，或者已经离开二十几岁。

是的，二十几岁，是最朝气蓬勃的年龄，是最具有激情和创造力的时期，是最重要的人生规划和奠基阶段。这时已经告别了懵懂校园的草叶年代，那些在草坪上浅吟低唱的年轻歌谣，那些挽着初恋爱人的胳臂，轻狂地描述着理想的轻快的日子。现在，未来已经在面前若隐若现地铺开，但是它到底是开满鲜花还是布满荆棘，还得看我们自己，看我们自己如何在这二十几岁的年华里设计未来、规划成功。

"当初的愿望实现了吗？事到如今只好祭奠吗？任岁月风干理想再也找不回真的我。"二十几岁的我们，蓦然发现生活的大门正在向我们慢慢敞开，理想事业、房子车子、婚姻家庭，有点慌乱、有点沉重，但是年轻无极限，一切皆有可能，活力四射的奔跑者演绎着年轻人的宣言。

二十几岁的你，也许年少有成，已经获得了初步成功；也许迷茫失落，还徘徊在追寻的路上。但是，很显然，没有谁能够否认自己对未来、对梦想的追求；没有谁能够否认对成功、对辉煌的渴望。

想要得到成功吗？想。不能不承认，每个人心里都或多或少有一种成功情结。年轻人，尤其如此。心理学家告诉我们，你首先必须想要成功，其次才有可能得到成功。成功是伟大的，是辉煌的。我们固然不可以强求成功，但是得到社会的认同，最大限度地发掘自己的潜力，实现人生价值，接近于最优秀的自我状态，难道不是更好吗？我们的嘴角轻扬着自信的微笑，我们的心底充盈着饱满的热情，相信终有一天，我们将会采撷到成功的鲜美果实，难道这不是本属于我们的梦想吗？

成功，是少数人不断拼搏和努力，甚至也包括年龄经历所累积的光环，是时代的奢侈品。而失败，却是大多数普通人不得不面对的插曲，是每个年轻人所逐渐拥有的财富，是生活的必需品。所以，亲爱的朋友，我想告诉你，想要成功，先懂得失败。二十几岁的我们，可以暂时不成功，但是不能不懂失败。

成功高高在上供我们瞻仰，而失败需要我们逐一经历，然后读懂。

二十几岁的人们，都在做些什么呢？当然，有韩寒二十几岁已经是有名气的作家、郭敬明二十几岁已经创办了属于自己的柯艾文化传播有限公司等例子。但是，更多的人，二十几岁的时候，正在接受生活的磨炼和失败的磨砺。

英国女王伊丽莎白二世为了表彰女性的成就，邀请了众多领域中杰出的女性在白金汉宫共进晚餐，其中包括风靡全球的《哈利·波特》系列小说的作者J.K.罗琳，据说女王也是一个哈利·波特的粉丝。《哈利·波特》甚至让J.K.罗琳变得比女王还富有，为她赢得了全球范围内疯狂的追捧和崇拜。奥巴马和科比等人也是"哈迷"，J.K.罗琳更是轻而易举地赚走了中国人无数的财富。英国国家图书儿童小说奖、斯马蒂图书金奖章奖、安徒生文学奖，J.K.罗琳接受着辉煌的荣誉和众人的瞩目，她的笑容熠熠生辉。

在葡萄牙奥波多的街头，一个被抛弃的年轻女人号啕大哭，快要到圣诞节了，没有漂亮衣服和紫罗兰，她得到的却是一个失败的婚姻，接下来的生活该怎么办？泪水和绝望并没有告诉她出路。

她成了一个单亲母亲，圣诞节的时候，她带着小女儿杰西卡来到苏格兰的爱丁堡生活。一间狭窄的平房就是她们要住的地方，而这间平房600英镑的押金还是朋友帮她支付的。尽管领到了政府的失业救济金，然而微薄的收入怎能支撑起生活，养活幼小的孩子？生活穷困潦倒，她陷入极度的沮丧中，医生鉴定她患上了抑郁症，她曾一度想要自杀。可是想到幼小可爱的女儿，她觉得自己应该走出这种困境。

寒冷的冬天，那间平房既狭小又寒冷，于是某一间简陋的咖啡馆里，总有一个推着婴儿车的女人来到这里，囊中羞涩的她总是花很少的钱点一杯咖啡，然后一边取暖一边写作。有时候，幼小的女儿哭闹，她还得停下来，思路常常被打乱。她写的是出版商们等待发售、电影院等待票房的《哈利·波特》。

是的，她就是J.K.罗琳。谁曾想现在这个有着澄澈晶亮、带着魔法神秘气息的蓝色眼睛的J.K.罗琳，在最美的年纪曾眼神失落、黯然神伤；谁曾想现在这个随心所欲去蒂芙尼购买昂贵的衣服和鞋子，指尖涂满炫亮的红色蔻丹的妩媚女人，曾经住在阴暗的平房里吃着干硬的面包。

故事成文，生活似乎有了一丝明媚的希望。J.K.罗琳携带着自己的书稿奔波在出版社和书商的大门外。不料，辛苦写成的书稿却多次遭到拒绝，她陷入一片迷茫中，不过她仍然觉得自己的书稿是最好的，它们理应赢得自己所应该得到的待遇，即使不是现在，那也不远了。

终于，一家小型出版公司接下了《哈利·波特》。想不到，一经出版，这本书立即受到了最疯狂的追捧。J.K.罗琳几乎变成了世界最富有的女作家。

关于这样的例子，我们还可以举出很多。例如，最悲摧、最伟大的美国著名总统林肯先生的经历。我们都知道林肯先生曾失败过很多次，最后才获得成功。这一点，看看林肯先生的照片，苦难和折磨已经明明确确告诉人们，我们甚至不需要考察就能猜测到。这些例子，大家已经是耳熟能详了，在此不做赘述。

失败令人沮丧，失败浪费时间，失败打击信心，失败延迟了成功的进程，失败阻碍了个人理想价值的实现。我们的血液激情而澎湃，我们的心脏强壮而兴奋，然而失败像是在滚烫的钢铁里倒上一瓢冷水。面对失败，有的人惶恐不安，走不出失败的阴影。面对失败，有的人习以为常，反正失败的累积是成功的铺垫嘛！因此，他们逃避痛苦，随波逐流，再不敢进取和拼搏，他们想，没有追求的人就没有失败，于是他们用粉饰现状造成成功的假象来麻痹自己。

但是，成功如果是依靠投机取巧和侥幸而获得的，那么会比失败更可怕。轻而易举夺取的城池和过于顺畅地通过的战场前线往往埋伏着致命的威胁和猝不及防的冷箭。如果成功暂时不能青睐于你，让你感受到骄傲的飞扬和上升，那么你就需要脚踏实地站立在大地上，我想说，先戒除浮躁之气，然后静静地读懂失败吧！

"天将降大任于是人也，必先苦其心志，劳其筋骨，饿其体肤，空乏其身，行拂乱其所为，所以动心忍性，曾益其所不能。"在山重水复的绝境中，我们饱受着痛苦的煎熬，失败的我们仿佛置身于漆黑的长夜，甚至怀疑光明的存在。我们开始怀疑自己，甚至重新寻找自己。躲在一个僻静的角落里，就像是落魄的苏秦被兄嫂奚落，惶惶如丧家之犬，舔舐着自己的伤口。这时候，开始触到内心最脆弱、最敏感的角落，平静的心就像是明镜一样了，照鉴万物，洞彻心扉。

我们已经一无所有了，难道还会更糟糕吗？恐惧已经成为现实，坠崖的人安全了，因为他落在了地上。如果你能够乐观一点，你会发现其中的奥妙，你抛弃了患得患失的思想包袱，你可以不用再束手束脚了，你回归了一无所有的自我，你可以重新开始一段新的旅程，你自由了！因为大多数人不再看重失败的你，你可以不用伪装，可以不用谨小慎微，回归了真实的自我，你拥有了自己的一片天空，那才是真正属于你的领域！你可以自由施展，你一无所有，你无所不有！

坚持不懈，脚踏实地，既然无法打碎失败的黑夜，你就等待黎明到来吧！"有一种死永远也不代表毁灭，那就是自落的花，成熟的果，发芽的树"，在失败里，你需要认清形势，积蓄成功所需要的厚积薄发的力量！

那么，失败不能白白失败，你必须在失败中调整心情，总结经验，改正不足，认清道路，重新定位。成功无法复制，但是失败的箴言可资借鉴：你的最终目的是成功，而不是沉浸在失败里，你应该看到的是成功的光芒，而不是在失败里行走。

你确定自己需要的是什么样的舞台，那么你就朝这个舞台走近。《史记》里记载：李斯看到官仓里的老鼠在一大堆粮食中吃得肥头大耳，见到人进来，竟然不惊慌而神态自若。而厕所中的老鼠邋遢不堪，身体瘦弱，见到人进来仓皇逃跑。因此，他感叹道，人本身没有什么不同，而是所处的地位不同罢了。

你失败的原因是什么？成功的旗帜飘扬，要想夺取，你走的路一定不会安逸，而是充满坎坷。这些路上的坎坷到底是什么，你遭遇坎坷是什么原因，你应该怎样化解。

丈量好成功和你的距离，你具体应该怎样做才能接近它。好高骛远不可取，脚踏实地才最稳健。

成功是一步一步达到的，每一个脚步都是一个里程碑。目光所及，步履可至！

J.K.罗琳在哈佛大学演讲时说道："你们可能不会经历像我那么大的溃败，但生活中的失败是不可避免的。生活永远都一帆风顺是不可能的，除非你活得谨小慎微，那就好比根本没有活过——要是那样的话，你照样失败。"如果你没有徒劳的失败，你完全可以为自己生命的丰盈感到自豪。失败使你充满智慧，走向成熟；失败冷峻无情地鞭策你的生命前进，获得价值，得到升华。

我们不惧怕失败，因为二十几岁的年龄，正是需要经历失败、累积经验的年龄；我们不惧怕失败，因为我们正是需要获得生命厚重积淀的时期。当我们转过头来的时候，想起那些经历的折磨，我们一定不会觉得空虚无聊，无可言说，或者蹉跎了年轻的岁月，我们一定会热泪盈眶地想要诉说。就像是食指的诗歌一样，体会到磨砺的光华和厚重的希望：

相信未来

当蜘蛛网无情地查封了我的炉台

当灰烬的余烟叹息着贫困的悲哀

我依然固执地铺平失望的灰烬

用美丽的雪花写下：相信未来

当我的紫葡萄化为深秋的露水

当我的鲜花依偎在别人的情怀

我依然固执地用凝霜的枯藤

在凄凉的大地上写下：相信未来

我要用手指那涌向天边的排浪

我要用手掌那托住太阳的大海

摇曳着曙光那支温暖漂亮的笔杆

用孩子的笔体写下：相信未来

我之所以坚定地相信未来

是我相信未来人们的眼睛

她有拨开历史风尘的睫毛

她有看透岁月篇章的瞳孔

不管人们对于我们腐烂的皮肉

那些迷途的惆怅、失败的苦痛

是寄予感动的热泪、深切的同情

还是给以轻蔑的微笑、辛辣的嘲讽

我坚信人们对于我们的脊骨

那无数次的探索、迷途、失败和成功

一定会给予热情、客观、公正的评定

是的，我焦急地等待着他们的评定

朋友，坚定地相信未来吧

相信不屈不挠的努力

相信战胜死亡的年轻

相信未来、热爱生命

二、失败是人生必需的经历

"愿你的生命中有足够多的云翳,来造成一个美丽的黄昏。"这是冰心翻译的英国《读者文摘》里的一句话。堆积的云彩愈多,点缀夕阳的霞光才愈加璀璨多彩。二十几岁的年龄,正是人生之初始,对于失败这种人生必需的经历,当然是不可或缺的。可以说,品尝越多的酸甜苦辣,经历越多的挫折磨难,才能最终成就一个人的辉煌。只要生命的长河不停息,人就会不可避免地遇到各种各样的变数。

如果你选择平庸乏味,谨小慎微地生活一辈子,然后老死在熟悉的床上,那么你完全不必担心。你这样的人生,基本上不会有什么具体的失败经历,也不会受到人们对失败的讥笑。这是胆小懦弱者的最佳选择,因为人们可能早已忽略了你,自然更不会有兴趣来关注和讥笑你。

二十几岁,你也想体会波澜壮阔的人生?也想体味生命的深刻和极致?那么,我告诉你,失败是你辉煌人生必需的经历,由此你将更贴近人生的真谛。同样,你也会获得属于自己的成功,在你所涉足的领域或对自我价值的评判中终于熠熠生辉。

因循守旧,生命将囿于一种苟且的状态,而砥砺意志,拼搏不息,生命将会推向辉煌的极致。生当作人杰,死亦为鬼雄!失败是英雄主义的一曲悲歌，失败是厚重人生必需的经历。

通过经历失败，你才会看到谁才是最后真正的英雄。因为失败是人生的试金石，是人生的分水岭。成功只会献给你骄傲的赞美和迷醉的喜悦，而失败将会冷酷地站在你面前，询问你，你到底将是强者还是弱者，你将会成为怎样的人，你将怎样掌控自己的命运。然后在不断地蜗行摸索中，你才能成为你所想成为的人。

如果缺乏了失败的砥砺和磨炼，你只是沉浸在安逸和成功的欢乐里，那么一旦遭遇到生活中不可预测的暴风雨，你才会知道，什么是脆弱，什么是摧毁。福兮福兮，祸之所倚；祸兮祸兮，福之所存。经历过失败最终获得的成功将会是坚不可摧的，而从未经历过失败而拥有的成功，反而会招致一个人一败涂地。

在司马迁的《史记》中，浓墨重彩地刻画了很多失败的英雄，而楚霸王项羽无疑是最悲壮的一位。项羽出身于声势显赫的将相之家，祖父项燕是战国时代的楚国名将，叔父项梁是秦末著名起义军首领之一，生性豪放，骁勇善战，后因傲慢轻敌，战死在定陶。

项羽年少时才气过人，力能扛鼎，曾学习书法和剑术，却无所成就。叔父项梁很生气，呵斥他，项羽却说："书足以记名姓而已。剑一人敌，不足学，学万人敌。"小小年纪竟有如此胸怀志向，项梁大喜过望，于是教授给他兵法。项羽只学到大略，却又扔下了，不肯深入研读。

一次秦始皇出巡会稽，车马仪仗，威风凛凛，经过钱塘江，项梁和项羽也在人群中观看,项羽踌躇满志地说道:"彼可取得代之也!"项梁连忙掩住他的嘴,但是从此更看重志气远大的他了。

秦二世元年九月,陈胜吴广起义,项梁和项羽也在吴中举兵反秦,不想定陶之战中项梁被秦将章邯乘隙攻败,全军覆没。秦军继续北渡黄河,在巨野围攻赵军。楚怀王任命宋义为上将军,项羽为次将,率兵救援。宋义率兵到达安阳,慑于秦军兵势,畏缩不前。项羽为拯救赵军困境,避免延误军情,于是当机立断,借宋义和齐国密谋反楚为名,杀掉宋义,迫使楚怀王任命他为上将军,统率全军,北上救秦。

项羽率领的军队和秦军在漳河隔岸对峙。项羽先派遣两万精兵渡河,切断秦军粮草运输通道。随后下令士兵们每人只带三天的口粮,毁掉炊具,烧掉营帐,众人惊诧万分,项羽却说道,让我们到章邯的军营中取锅做饭吧!大军渡过了漳江,项羽下令凿沉渡江的船只,士兵们一看没有了退路,要么赢了战争,要么战死沙场,别无选择了。于是以迅雷不及掩耳之势发起了猛烈进攻。在项羽的率领下无不以一当十,勇猛杀敌,势如破竹的楚军解除了巨野之围,大获全胜。这就是历史上著名的"破釜沉舟"典故的由来。

项羽成了赫赫威名的英雄,他乘胜追击,连战连捷,连章邯的二十万大军也投降了项羽,项羽却在渑池将他们全部坑杀。

然而,刘邦却乘着秦军、楚军巨野作战之际率先占领咸阳。项羽勃然大怒,因为楚怀王曾约定在先,谁先进入关中谁便可以称王,刘邦竟然渔翁得利,是可忍孰不可忍!

当时项羽和刘邦兵力悬殊巨大，胜过刘邦自然是容易的事。不过刘邦主动表示臣服于项羽，鸿门宴上主动谢罪示好，随后的言语、行动上都谦和卑微，项羽很受用，觉得刘邦臣服于自己了，不足为患，于是放过了他。

汉元年，项羽挟其军威，号令天下，自立为西楚霸王，封刘邦为汉王，分封汉中、巴蜀地域给他，企图遏制其势力的发展，以免其东进。不料埋下了日后的祸害，导致刘邦的势力卷土重来。

在此后的统治期间，诸侯和功臣不满于项羽的分封不公，相继起兵反楚，趁着项羽讨伐乱军之际，刘邦乘隙东进。在项羽与齐军交战之际，率军攻入楚国的首都彭城，项羽立刻率兵救援彭城。彭城一战，项羽出其不意，以少胜多，击溃汉军数十万之众。

项羽越战越勇，乘胜进攻，交战中却被阻荥阳，双方在成皋一带相持两年之久，刘邦深入分析，扼守成皋，采取了持久战的战略牵制敌人，伺机反攻。项羽虽然取得了一系列的胜利，但是在统治中暴露出残忍嗜血和掠夺好色的一面，再加上封侯不当，政治不力，越来越失去人心，政治军事上也愈加孤立无援了。在这场持久战中，原本连战连捷的项羽急于和刘邦决一雌雄，而刘邦却岿然不动，搞得项羽疲于奔命。

汉高帝五年，刘邦将项羽围困于垓下。楚军疲惫不堪，士气大落。夜间，刘邦令汉军在四面唱起楚歌。听到楚歌，士兵们无不思念家乡。项羽也被触动,无比悲凉地说:"力拔山兮气盖世,时不利兮骓不逝。骓不逝兮可奈何,虞兮虞兮若奈何?"

惨败的项羽想回到家乡重整旗鼓,卷土重来,却无颜见江东父老,在做了最后的思想斗争后,遂拔剑自刎而死。

在临死的时候,项羽说道:"吾起兵至今八岁矣,身经七十余战,所当者破,所击者服,未尝败北,遂霸天下。"由此可见,项羽连战连捷,一路凯歌,追溯垓下一战之前的经历的战役,几乎都是全胜,包括和刘邦之间的。他只失败了一次,但是这一次却是致命的。

可以这么说,是项羽的成功和荣耀造成了他的惨败。首先,出身显赫的项羽并没有像平民刘邦一样的身份卑微和挫折感,血统的高傲造就了他骄傲、不可一世的性格和不同凡俗的胸怀志向。其次,在各种战役中,项羽都骁勇善战,攻无不克,战无不胜,这滋长了他的骄傲心理和潜在的意识,他是不可战胜的胜利者。成功蒙蔽了他的头脑,对于成功的把握和追逐,他的血液澎湃激荡,一旦遭遇到失败,以他的性格,必定不能戒除傲气和浮躁,冷静应战。

所以,骁勇善战、当机立断、决一雌雄、破釜沉舟的战斗精神成就了他的英雄伟业,然而,这里面潜藏的不冷静的勇猛和凌驾于一切的骄傲也在成皋的持久战中导致了他的败北,而最终在垓下之战中葬送了他。因为他总是一个胜利者,所以他觉得失败了便无颜面见江东父老;因为他总是一个胜利者,所以他不能像刘邦一样冷静酝酿,黑暗中舔舐着失败的伤口,伺机反扑。

项羽宁愿选择英勇地死去，也不愿意以退为进，等待卷土重来的机会。这种英雄主义似乎壮烈了些，因此项羽是书里的英雄。现实里的英雄需要的是笑到最后的人，留得青山在，不怕没柴烧，以退为进，能退能进，不逞一时的匹夫之勇，不囿一时的挫折磨难，才是真正的大丈夫！

如果年轻的我们早已经体验了挫折和痛苦的打击，那么你应该感到庆幸，因为挫折使你随时警醒，你将不会在成功的眩晕里感受到四面楚歌的困境。如果一个人一直处于顺境，其实却是最危险的。在春风得意的处境里，你轻松自得，自然想不到要磨炼自己的意志，提升自己的经验积累；在成竹在胸的轻狂自信里，你想不到要脚踏实地、步步为营，为成功做好最坚实的奠基；在患得患失的拥有里，你被动防守，故步自封，不敢尝试新的领域和新的改变。即使前路充满危机，暗藏陷阱。

那么，顺境不利于发展是一个悖论吗？我们所指的顺境是轻而易举取得的成功，就像是没有经过磨砺的宝剑锋刃，没有遭受风雨的温室花朵。因此，我们许多人，尤其是年轻的时候，都要经受挫折教育，方能够明白得意、失意之间，成功、失败之间的转换和循环。

在这里，我们不妨先看看曾国藩的几段教子箴言，这几段箴言就是一种挫折教育。"凡仕宦之家，由俭入奢易，由奢入俭难。尔年尚幼，切不可贪爱奢华，不可惯习懒惰。""吾观乡里贫家儿女愈看得贱愈易长成，富家儿女愈看得娇愈难成器。""处境太顺，无困横激发之时，本难期其长进。"对于生来在富贵之家的儿女，拥有的财富和地位，曾国藩反而视之为一种激发进取的障碍，因此对他们进行挫折教育。有了这样的挫折教育，砥砺了他们坚定的性格和意志，容易使人陷入奢华和安逸的物质地位一定能够转化为一种积极的资源，真正地成为造就子孙成才的助力，这是曾国藩的高明之处。

二十几岁，正是最激情澎湃的年龄，没有而立之年的倦怠遗憾，没有不惑之年的稳定睿智，也没有天命之年的洞察感喟。正好可以趁着年轻精力充沛，去经历一些事情，在失败中找寻自己的方向，从失败获得坚强的意志和丰富的经验积累，把走弯路的阶段提早历尽，然后在以后的岁月里能够从容应对，这不能不说是一种捷径。

二十几岁，虽然你失败了，但仍然有足够的时间去追逐自己的梦想，而不是在家庭稳固、精力不济的中年去扭转自己的事业方向。因为二十几岁本是奠定以后发展基础和方向的阶段，之后只是实现和加固罢了。只要年轻，就有无限的可能，在失败中不断探寻，在失败中不断完善，在失败中不断肯定。于是在得与失、取与舍之间，参透成败的奥妙，体悟人生的真谛。

失败的经历会给你带来痛苦、怀疑和失落，但往往是在身处逆境、遭受痛苦和不幸的时候，你才会看清方向，获得思想，从而一步步走向成功和辉煌。生命就是由每一次经历组成的，缺憾和完美、痛苦和幸福在不断循环中构成了丰富的人生。

经历过挫折的淬炼，才懂得生命的强度；经历过漫长的摸索，才懂得生命的长度；经历过坎坷起伏，才懂得生命的高度；经历过苦难的重压，才懂得生命的厚度。失败只是一个终将过渡的历程，失败是人生必不可少的经历。尝遍人生百味，才是无憾的人生。

　　就像是一只草原之狼，孤独地在雪夜里舔舐失败的伤口，在冷静的蛰伏中蓄积等待，百折不挠，战胜劲敌，最终成长为草原之王。

三、在失败中找寻自我的方向

　　每个人都掌控着人生的航线，失去方向的船无法到达彼岸。失败就像是海上暴风雨的打击，在惊涛骇浪中让我们惊慌失措，以为被黑暗的风暴包围，只知道沉迷在海里挣扎逃脱，而忘记了从张皇和惊恐中寻找黑暗里矗立的灯塔，指引自己走出风暴，找到彼岸的方向。

　　塞内卡说过，如果不知道自己要驶向哪个港口，就没有任何方向是顺风的。对于人生的方向也是如此，只有明确人生的目标，才能集中所有的力量和资源在一个方向上，乘风破浪，到达成功的彼岸。从某种角度来说，失败不是一个行为，失败是你内心的放弃和胆怯。那些强悍的人之所以受到我们的尊重和敬仰，不仅在于他们所创造的瞩目成就和巨大影响，更多在于他们脱颖而出。从庸碌盲目的人群中，从黯淡痛苦的逆境里，当常人为了黯淡的前路而焦虑不安，被迷茫犹豫牵绊住了前行的脚步，他们依然在黑暗中摸索，不断找寻自己前进的方向。

马云，阿里巴巴集团主席和首席执行官，《福布斯》杂志首位大陆企业家封面人物，曾获选为未来全球领袖。在浮躁泡沫的互联网界，马云是一个异数，也是一个英雄者。经历了三次高考失败，才勉强被杭州师范大学录取，应聘过很多工作却被拒绝，创立过互联网"中国黄页"却被迫出局。

1997年，带着英雄主义梦想的马云来到北京，租了一个不足20平方米的小房间，废寝忘食地出苦力，为外经贸部做网站，开发网上贸易站点，其间外经贸部成立了旗下公司——中国国际电子商务中心。尽管当时马云在其中发挥着重要的作用，但是马云却不满于政府机构工作的条条框框的束缚，不断思索着前路。

离开北京还是留在北京？如果留在北京，可以接受新浪和雅虎加盟邀请，但是互联网市场太浮躁了，暴利和泡沫很难让其真正成功，如果放弃这些就意味着一无所有，一切都重新回到零。东山再起不能不考虑到风险投资，然而马云还是义无反顾地放弃了，他要的不是这样一个舞台。

在外经贸部期间，马云尽管为公司付出很多，但是并没有为自己赢得一片立足之地。1999年，这个踌躇满志的人，重新回到他曾经崛起也曾经失落的家乡杭州，不能不说他失败了，但这是他自己选择的失败。然而在这些无数失败的经验中，马云却隐约看到那些失败酝酿出一个新构想的雏形，商务机构中最需要电子商务支持的是那些分散的数不清的中小企业。

1999年2月，马云有幸接到在新加坡召开的亚洲电子商务大会的邀请，一帮不了解亚洲国情和互联网市场的老外在这片亚洲人的土地上高谈欧美式的电子商务。出身于杭州的草根阶层，既没有接受过国内常青藤大学文化滋养，又缺乏海外大学系统教育的马云听着激情澎湃的互联网演讲"洋风潮"，却陷入了深深的质疑和思考中。轮到马云发言的时候，一向独特的马云又让人们惊诧了一回："亚洲电子商务步入一个误区。亚洲是亚洲，美国是美国，现在的电子商务全是美国模式，亚洲应该有自己独特的模式。"

应该没有人会去深入思考他的话背后的意义和革命。亚洲的互联网商务大多数都是拷贝欧美模式，并且换来了滚滚的财源和效益，没有谁会质疑，因为他们一直在盈利。"互联网是一个高科技行业，人们肯定更相信一个海归的MBA，而不愿意看到一个杭州师范学院的老师在那里折腾。"在阿里巴巴的创业期间，一个投资人也曾经这么评价他。

"大企业有自己专门的信息渠道，有巨额广告费，小企业什么都没有，它们才是最需要互联网的人。""中小企业就好比沙滩上一颗颗石子，但是通过互联网可以把一颗颗石子全部粘起来，用混凝土粘起来的石子们威力无穷，可以与大石头抗衡。而互联网经济的特色正是以小搏大，以快打慢。"拯救中小企业，将全球中小企业的进出口信息汇集起来。这就是马云要做的亚洲特色的互联网电子商务。

1999年，阿里巴巴诞生了，这是马云和他的梦之队的舞台。那时候，阿里巴巴的总部设在杭州一个毫不起眼的私人小区住宅里，如果有应聘者，一定会怀疑那样的规模是不是一家皮包公司或者窝点，最初的工资每个月500元。我们必须随时准备好接受"最倒霉的事情"，马云鼓动伙伴们筹集齐了50万元本钱。置之死地而后生，除了做好之外他们别无出路。

从那时候开始，马云和他的伙伴们把全部精力投入阿里巴巴的运营中，阿里巴巴果然一鸣惊人。在这个简单的买与卖的平台上，商家和买主都被吸引过来了。就像是空手套白狼一样，阿里巴巴在一穷二白的情况下赢得了软银2000万美元和高盛500万美元的风险投资，而后又赢得了软银的8200万元的巨额投资。

淘宝、支付宝、阿里云、1688、中国雅虎，这些旗下的子公司赢得了巨大的经济效益，有人称阿里巴巴是一个低调闷头赚钱的行业巨亨，马云却骄傲地说我们现在赚的只是零花钱。

当然，阿里巴巴曾经遇到过很多挫折和艰难，在2002年网络泡沫破灭最为彻底的时期，马云把阿里巴巴的发展主题定位为"活着"，企业遭遇挫折是一件好事，但是一定不要死去。阿里巴巴经历困境之后，仍然奇迹般地活了下来，并且取得了今天这样辉煌的成就。

人生不在于你所处的位置和环境，而在于你所朝的方向。当你面临挫折和困难的时候，仍然坚持不懈地寻找自己的方向，坚持努力于你真正的梦想和目标，你就能赢得一片属于自己的舞台。从马云的企业发展之路中，我们可以得到很多成功的启示。失败了并不可怕，可怕的是失去方向，然后自暴自弃，随波逐流。失败是成功的积累，是发掘成功之路的钥匙。为了找回自我，你必须要明确所经历的失败。

不管你遇到的是怎样的失败，你都必须沉下心来问自己，是不是因为这件事情并不是真正适合自己的，或者发掘潜力也无法胜任的，那么最好是斟酌之后，再决定还要不要继续做下去。是不是不切实际，好高骛远或者为了敷衍别人的期望，勉强做众人认可的名正言顺的事情。

当然，也有可能因为我们自己用心做了，但仍然没有达到目的，这就需要我们运用自己的判断力或者把握力了，只有这样，才能从失败中吸取教训。比如马云，做中国黄页虽然失败了，但是他领悟到要让互联网生钱，必须要务实。正是这种务实精神，使阿里巴巴能够戒除浮躁在网络泡沫中存活下来，并且业绩辉煌。在外经贸部工作的时候，他学会了从政府的宏观角度看问题，从而使他能够正确定位阿里巴巴的贸易方向。正是这种失败的累积让他看清楚了自己理想舞台的轮廓。

不管何时，我们都要告诫自己：永远不要和别人太一样，否则你将永远和别人一样。大多数人都庸碌地活着，如果你还存在梦想，想要追求真正属于自己的生活目标，那么不要盲流，不要苟同。认真地问一下自己的内心，让心灵指导你的方向，想想自己的失败是不是因为不是自己内心真正想要的，所以缺乏了内心的动力导致的失败。正是年轻而踌躇满志的你需要遵从自己真正的选择，探寻自己真正想要追逐的方向。根据你的志趣爱好和擅长领域进行思考，要知道，如果缺乏兴趣，建立不起来兴趣，挖掘不出自己的发展潜力，你的努力都会变得徒劳无力，那么又怎么会成功呢？

二十几岁，一切都有可能，一切都还来得及，我们不妨给自己一点心理安慰，或者是给自己一点"阿Q精神"，给自己鼓劲：我没有得到自己想要的，那是因为我将要得到更好的。没有失败，只有暂时停止成功。我们始终要相信，只要我们明确了方向，认清了自己的目标，制订了可靠的计划并且愿意为之付出努力，即使处于艰难的境地，内心的巨大力量也足以使我们奋勇前行。所以，永远不要给自己找借口，把懒惰和逃避都丢在身后吧，一心向着指引的方向，你就能乘风破浪，逆风飞翔！

四、失败是一种巨大的力量

在人们的生命之路中，总是遍布着荆棘和坎坷，只要你不断地在理想之路上求索，就会不可避免地遇到困难和障碍，当我们经历痛苦的失败和取舍的矛盾而挣扎的时候，转回头看，会发现自己的生命变得饱满丰盈，内心变得愈加强悍。生命就像是玉蚌成珠的过程，柔软而敏感的蚌遇到外界沙砾进入时，忍着疼痛，分泌一种物质将沙砾包裹住，最终形成一颗圆润的珍珠。人也是如此，在不断伤害中进行自我修复，增强自己的意志力，忍受平常所不能忍受的，而终于走向坚韧和成熟。

我们敬仰的伟人们往往显露出一种饱受折磨而不屈服的硬质，他们的精神中潜藏着一股巨大的力量。这股巨大的力量并不来源于他们的光环，而是一种失败所激发的内在力量，这种力量使他们区别于常人，显示出坚强的意志和强大的生存能力，从而变得与众不同。

在革命中饱受折磨和迫害的高尔基仍然不失信念，他在暗喻苏联革命战争爆发前压迫阶级猖獗恐怖的文章《海燕》中毫不畏惧地高呼："让暴风雨来得更猛烈些吧！"经历严重的病痛和双耳失聪的贝多芬用《命运交响曲》向命运发出呐喊和挑战。面对失败和挫折，他们不仅没有退缩，反而创造出更加经典的力作，迸发出更加强烈的反抗精神。成功者往往致力于怎样守卫住自己所取得的辉煌，而失败者却主动迎接更大的挑战。这种生命的激情正源于失败，这种巨大的力量。

失败激发了我们的潜能，唤醒了我们灵魂中沉睡不醒的能量。如果一个人一直处于安逸的状态中，就会形成一种习惯性依赖，不愿意积极接受外界的刺激和挑战，这在心理学上被称为心理安全区。长期处于心理安全区的人，往往发挥的价值仅限于自己所习惯着手的领域，而其他的本能和被开发的领域却被忽略和搁置。就像是温水中的青蛙，一旦遭遇到致命的刺激，将无法一跃而出，因为它感觉不到危机来临,在不知不觉中变得懒惰、麻木了。我们的潜力往往需要经过外界的刺激和伤害才能够激发出来,平时由于情绪波动不大,生活稳定自足,这种潜力就被深藏在人体的最深处,难以发掘。但是在遭受了凌辱、挫折、痛苦之后,便会产生一种新的力量,驱使人们超越自我,超越极限。

战国时期的纵横家苏秦早年时候学习纵横之术,游说秦王,结果却不被秦王重用,一无所有的他只好打好包裹回家。到了家里,父母看到他这副落魄的模样不肯接待,正在织布的妻子也无动于衷,不放下手中的活儿来安慰他,嫂子也不肯为饥寒交迫的苏秦做饭。这时候的苏秦惶惶如丧家之犬,他感叹道世态炎凉、人情冷暖,联想到自己的处境,于是开始发奋读书。

狭窄的卧室里,他摆开姜太公的兵书废寝忘食地读,反复研究体会其中的奥妙。读到昏昏欲睡的时候,就拿针刺自己的大腿,鲜血直流,他自言自语地说:"哪里有去游说国君,却不能得到金玉锦绣,赢得卿相之尊的人呢?"以此来侮辱自己,刺激自己。

经过刻苦研读,苏秦来到赵王的宫殿来游说赵王合纵缔交六国来对付秦国。他引经据典,滔滔不绝,赵王极其赞赏,封苏秦为武安君,并且赏赐了锦绣白璧,更有黄金万镒。苏秦以其绝佳的雄辩论述能力和见解赢得了横跨六国的政治策略决定权,"一人之辩,重于九鼎之宝;三寸之舌,强于百万雄师",诸侯大夫,无人能和苏秦匹敌。

苏秦去游说楚王,路过家乡洛阳,父母听到消息,清扫街道准备酒席,到三十里外的郊野迎接。妻子不敢正眼看他,侧着耳朵聆听苏秦讲话。而嫂子则像蛇一样匍匐在地上,跪请苏秦谢罪。苏秦感叹道,你为什么从前那么趾高气扬,而今却那么卑躬屈膝呢?嫂子回答道,因为你现在地位高又有钱啊!苏秦感叹道,贫穷的时候,连父母也不认,而富贵了,连亲戚都害怕。

当失败成为一种耻辱的时候,往往能激发更大的能量。如果你没有感到失败的痛苦,那么一定是你没有把失败当成一种耻辱,因而无法化悲愤为动力。失败无疑是其反面,这时候大多数人都不会关注你,甚至会嘲笑你、指责你,人情的冷暖和真假在这个时候才能够被更加清楚地感触到。然而更令人痛苦的是,失败使人不得不怀疑自己的价值和能力,一个人遭到否定就会产生强烈的羞辱感。

由失败而滋生的苦难并不那么令人讨厌,苦难是命运设定的一种催发成功的手段,从这个角度来讲,苦难是一种走向成功的精神资本。如果没有它,人类性格中具有爆发力和忍耐力的精神将会酣睡不醒。苦难对于一个人品格精神的磨炼要比安逸大得多,它直接深入到心灵的深处,造成痛苦的冲击,磨炼人的意志力,教给有志之气和隐忍坚持,从而造就出最深刻、最极限的能量。可以说,苦难是塑造一个人最具影响力的手段之一。

最重要的是,失败作为一种巨大的精神力量,能够磨炼意志力,使人懂得隐忍克制,更加坚定一个人的信念。

要想成就一番事业就必须明白,成功不是一蹴而就的,需要经历持续不断的奋斗时期,会遇到很多困难和挫折,很多失败者就是缺乏意志坚持。因此，意志力是取得成功的必要条件，是划分成功者和失败者的分水岭。

意志是一种精神控制力，能够理性地控制行为来达到目的的一种深层动机。对于意志薄弱的人来说，从事长期而艰苦的奋斗是不能承受的，而成功者却从持续不断地付出和奋斗中不断充实自我，挑战自我。明确的目标和坚定的信念是使得一个人坚强意志的关键，能够不断地从中汲取精神指引和能量，从而克制自我，忍受常人所不能忍受的，挑战自我所未挖掘的能量。

公元前494年，吴越之战爆发，越国战败，越王勾践困守在会稽山，即将成为吴王的阶下囚。越国大夫文种前去会面吴国太宰伯嚭委曲求和。伍子胥劝吴王不要一意孤行，养痈遗患，吴王夫差不听，同意了越国的请和。范蠡建议勾践到吴国亲自给吴王当奴仆以表达归顺和被征服的诚意，消除吴王的戒心和敌意。堂堂一国之君却要为敌国的君主俯身做奴仆，这是何等的耻辱。但是不低调称臣，不足以保全自我，更何况君子报仇十年不晚。勾践胸怀着卷土重来、复兴越国的信念，忍辱同意了。

在做奴仆的三年里，越王勾践时刻隐忍着对吴王的仇恨之情，曲意逢迎。越国的美女歌姬不敢独自享用，全都献给吴王。越国的粮食丰收了，勾践只留一少部分给百姓，其余的听从大臣的计策暗中煮熟作为种子献给吴国，吴国的百姓种了越国缴纳的种子，颗粒无收，但是由于越王厚金贿赂了吴国太宰，一切都被遮掩起来。对于吴王，越王勾践不仅表现出恭敬，而且在越王生病的时候亲自舐痈舔痔。后来，吴王动了恻隐之心，将越王释放回国。

越王勾践回国后委托范蠡蓄积兵力，修建军事设施。为了不忘记在吴国的耻辱，越王睡在柴草上，每天都舔一下苦胆，鞭策自己。他和夫人保留了在吴过做奴仆时的习惯，口不甘味，衣不两色，不闻鼓吹之声，不近美貌之色。明修栈道，暗度陈仓。不断地向吴国进贡珍奇宝物、美女讨好吴王，以削弱吴王的战斗力。在国内经常体察百姓疾苦，进行休养生息政策，鼓励增加人口，富国强兵，谋划攻吴之计，勤于内政，事必躬亲。

尝粪问疾，卧薪尝胆，越王勾践忍受了常人所不能忍受的苦难和耻辱，苦心励志，发愤图强，终于一举灭掉力量强大的吴国，勾践超越常人的意志力和信念使他重新找回了君主的尊严。

"有志者，事竟成，破釜沉舟，百二秦关终属楚；苦心人，天不负，卧薪尝胆，三千越甲可吞吴。"失败能让人心血澎湃，激发人潜藏的能量，同时能够让人冷静地潜伏，严格克制自己，甚至是残酷逼迫。很多时候，我们做事不力不在于能力时间不够，而在于过于纵容自己的习惯，或者娇惯自己，把自己禁锢在安逸的角落里。这时候，你需要做的是立刻跳起来，着手进行自己所要做的事情。不仅要主动积极地迎接外界的压力，还要有效为自己施加压力，迫使自己向事业所需要的方向努力拼搏。

当你懂得如何把握自己，克制自己，你就拥有了一种让挫折惧怕的能量。像豹子一样蛰伏着，像弓箭一样蓄势待发，像是酝酿的风暴一样，等待着爆发的一瞬。这时候，你才真正塑造了一个全新的自我，这一个新的我可以用意志掌控一切。

　　失败能够让你成为一个永不言败的硬汉。海明威的《老人与海》里塑造了一个不畏艰险、勇往直前的英雄，他说："人不是为失败而生的，一个人可以被毁灭，但是不能被打败。"面对苦难和挫折，精神的力量可以让你超越自身条件的限制，发挥所有的能量，不屈不挠，顽强勇敢地战胜一切。

　　《老人与海》里的桑提亚哥是一个憔悴苍老的老渔夫，但是他自信乐观、顽强坚定，有着一双执着于信仰和精神世界的眼睛，"它们像是海水一般的蓝，是愉快而不肯认输的"。在连续84天没有打到鱼的时候，他仍然坚信一定能够在第85天的时候捕获一条大鱼。那条大鱼果然出现了，饥饿、疲倦、孤独、进攻的鲨鱼，都无法使老人放弃。凭着坚韧的毅力和永不服输的精神，老人和鲨鱼群展开了激烈搏斗，他不断鼓励自己，一次次打退了鲨鱼的进攻。当他拖着那条捕获的大鱼返航的时候，那条大鱼只剩下了一副巨大的骨架。老人疲倦之极，睡着了，那一夜，他又梦见了金黄的狮子，那是象征着活力和尊严的狮子。

　　海明威的这部作品也诠释着自己的坚韧和顽强。十九岁的时候，海明威参加了美国红十字会战地服务队前往意大利前线，不料被战地的炸弹炸成重伤，海明威没有倒下，却背着一个伤势严重的意大利士兵赶往救助站，在成功护送伤员得到救治的时候，他昏倒了。医生们为他动了12次手术，取出237块弹片，休养了三个月之后，海明威又重返战场。

人不是为失败而生的，人类的精神力量足以挑战一次次的限度，追求是永无止境的。不论是失败还是成功，只要勇敢而坚韧地追求自己的理想，就能够积蓄最宝贵的精神力量，战胜挫折和苦难，赢得属于自己的真正胜利！

五、失败有时是成功的捷径

每当谈到某些人的成功，我们看到的都是耀眼的光环。但回溯成功之路的时候，谈到的都是失败的经验或者其中隐藏的成功的端倪。尽管成功无法复制，但是一路走来，成功的鲜花竟然是失败的荆棘铺就的。就像是一块块绊脚石挡在前行的路上，但是这些石头铺垫了成功的道路。如果没有失败对你的计划目标做一个简短的评价和记号，那么成功的路将会在何方？如果只是在前行的道路上蜗行摸索，既没有指引，又看不到失败，那么无疑就延迟了走向成功之路的进程。

但是失败并不好受，很多人一路荆棘走来，失败摧残着他们的骄傲和梦想，失败损害着他们的身体和精力，失败遮掩着他们前行的视线，但是他们依然能够坚强地把失败转化为成功的契机。失败不是他们的墓志铭，而是里程碑；失败不是他们的绊脚石，而是捷径。伟大的发明家爱迪生曾经为了一项发明经历了八千次失败，人们都替他惋惜，他却不以为然地说："我为什么要沮丧呢？这八千次的失败至少使我明白了这八千个实验是行不通的。"这就是爱迪生的态度，他觉得至少让人迟疑和犹豫的八千个错误被排除了。一生不计其数的失败，他却把失败当作一本时常翻阅的教材，从中汲取经验教训，为下一次成功吸取教训积累经验，以免在以后的道路中继续同样的蜗行摸索。

因此，应该提醒那些沉浸在失败里怨天尤人的人，失败不是命运无端地施加，失败也绝非是突兀的、从天而降的，反思一下，你就会发现那些事情发展过程中潜藏的失败因子。尽快把它们寻找出来，为走向成功减少一些继续犯错的机会。

在一个励志节目中，一个人感叹道："感谢老天，让我在这么年轻的时候，经历这次失败，我可以比别人更早地积累到宝贵的经验，下次的成功，将使我更成功，昨天的错误、今天的经验教训，将使我更快地走向明天的成功，早一点经历错误，会比别人早一点积累到正确成功的经验！"

因此，失败并不一定是绊脚石，绊脚石铺好了就是路，墙推倒了就是桥，失败和成功之间只有一墙之隔。失败是一座通往成功的桥梁，失败是一个学习和发展的机会，失败是一个革新和改造的机会，失败是成功的序幕，失败是成功的奠基，失败是成功的捷径。

丁磊，网易公司创始人，现任网易公司首席执行官。1933年，毕业于成都电子科技大学的他回到家乡宁波电信局工作。这些炙手可热的单位都有着优厚的待遇令人羡慕，当然也有其弊端，那就是单位在创新方面的思想保守，以及事业单位人事关系上的特殊规则，都使得丁磊觉得苦恼。怀揣梦想的丁磊发现无法发挥自己的优势。1995年，丁磊做出了一个大胆的决定，不顾家人的反对，辞掉大多数人羡慕的工作，只身一人到广州去追求自己的梦想。

来到广州之后，尽管很茫然，丁磊还是马不停蹄地在一家家公司面试，终于一家叫作赛比西的小公司肯录取他。在这家公司里丁磊重复着和其他人一样的工作，整日安装调试数据库。这种枯燥的工作耗掉了丁磊的热情，于是他又义无反顾地离开了。不过，这时候他萌生了自主创业的想法，想要自立门户，用自己的理念来做自己真正想要的东西。

为了学习经营细节等各方面的知识，丁磊来到一家只有二十几名员工的小公司，他试图从中学到一些经验。但是自己的观念再次无法与公司理念达到共通点的时候，丁磊又只好选择了退出。

在经过反复思考之后，1997年5月，丁磊创办网易公司。他的启动资本是50万元，这笔钱是他写程序、借贷和房款凑起来的。当时的丁磊并没有成熟的管理经验，资金也是个问题。他创立的网易bbs、个人主页等因为是免费服务，并没有为公司带来利润，建立免费邮箱的合作计划也遭受很多次拒绝。

两个月过去了，丁磊的创业资金快要耗尽，如果不尽快盈利，公司将要面临巨大的危机。迫于形势，丁磊决定将中文免费邮箱系统出售给广州电信。意想不到的是，163邮箱业务的开放让用户们趋之若鹜，很多公司也纷纷要求购买，当日门庭冷落，而今门庭若市，丁磊感到一丝满足。

然而，2000年6月，网络股出现节节下滑趋势，而求强心切的丁磊恰好在纳斯达克挂牌网易股票。外界纷纷传言网易将被收购。2002年，网易收到了纳斯达克的股票停牌通知，公司信誉严重下滑，有些合作伙伴开始对网易进行质疑，这时候，网易公司的一些高层也纷纷离职，这无疑是雪上加霜。

面对沸沸扬扬的传言和纷乱的事务，狼狈不堪的丁磊调整好自己，冷静处理事务。2001年网易推出网络游戏《大话西游》，它迅速成为网络游戏中的领航者，投资人开始恢复了对网易的信心。同时，丁磊也在公司内部采取了一些措施，比如加强财务管理，削减不必要的广告费用，对公司内部人员进行理念灌输，坚持稳健的薪资发放来稳定人心。

2002年8月，网易实现了暴利。同时，上诉的纳斯达克停牌的决定也已经成功，股票恢复交易之后，一路飙升，创造了一个个财富传奇。网易走上了一条成功而强大的财富之路。

丁磊说："人生是一个积累的过程，你总会摔倒，但是即使摔倒了，你也要懂得抓一把沙子在手里。"的确如此，成功的路就是挫折和失败铺就的，你得到的失败越多，那些就像是小石子的失败教训就会为你更快地、更早地铺出通向成功的路。所以，积累你手中的石子，不断丰富自己的经验和积淀，才是成功之路的积极策略。

如果你真的想致力于某个领域，你就必须了解透彻这个领域内的知识。宁波电信和赛比西公司虽然不是丁磊想要的舞台，无法发挥丁磊的聪明才智，但是这些公司最基本的网络基础知识和操作系统是创新的基础。如果没有打好基础，一切的理想也只能是空中楼阁式的幻想，即使能够实现，也并不稳当扎实。而且丁磊通过辛勤工作，积累了一些创业资金，虽然并不多，但是至少能够缓解一下资金紧张问题。当然，如果资金少，并且风险较大的时候，通过知识文化和创新理念来弥补，将是一个值得考虑的策略。

不管怎么样，如果能够在枯燥的工作过程中，通过发现一些弊端或者优势，引发你的灵感，很有可能你就会发现一些通往成功的羊肠小道。当然，接下来我们还需要认真思考，该怎样设定目标和方向，从何处开始着手努力，再为之付出努力。

认真分析挫折产生的原因，认清楚自身存在的优势和弊端，尽管选择自己所擅长的领域。在每一个错误中寻找可资借鉴的方面，反复检讨不足，进行总结和完善。丁磊坦言自己创业之初，没有成熟的管理经验，也没有制定合理的管理制度，致使网易艰难时出现人事变故。同时，在提高竞争力方面做得也不足，致使很多网络模式和游戏被别人剽窃复制，给自己树立了竞争对手。总结经验反思自我，才能最大化地避免漏洞的产生和扩大，更好地掌控局势，迎接挑战。

众所周知，在中国社会，人脉是一种极其重要的资源。在很大程度上说，社会就是一个大人脉网。丰富的人脉有利于你抢占信息先机，或者得到某个人的引荐从而赢得自己青睐的岗位，在遭遇到危机的时候，可以找一个退一步站稳的平台。丁磊在管理公司的过程中，注重客户的反馈和建议，致力于尽可能地满足客户的需要和利益，赢得了一大批客户作为稳定的人脉。

一个人的社会地位和名誉，是一批人捧起来的。人脉是一个复杂的网络，依靠你累积，就像是一种投资。投资人脉，你也能得到很多。

失败很多时候是一个严厉的父亲，给你深刻的教训和警示，令人惧怕。但是良药苦口利于病，忠言逆耳利于行。失败会将好的赐予藏在身后，等待你去寻找。成功是建立在失败的基础之上的，是对失败的总结和超越。如果一味沉浸在失败的痛苦里，不知道要从失败中寻找成功的捷径，又怎么能够促进失败的转化呢？当上帝为你关上了一扇门，也为你打开了一扇窗。面对失败，不低头，不气馁，坚持不懈地从中寻找经验和机遇，尽量少走弯路，把未来掌握在自己的手中。众所周知，勾践亡国，重整旗鼓，东山再起，一洗前耻；项羽兵败，心灰意冷，自刎乌江，英明尽失……一正一反，鲜明对照，足以显示真理：挫折并不可怕，关键看你以怎样的心态面对它。挫折面前，放大痛苦，必将湮没自己；只有面对痛苦，笑对挫折，方能品味人生。

在生活中，总有那么一部分人不能以正确的心态面对挫折，战胜挫折，这些人都会无一例外地以失败告终。三国时的周瑜，不能接受诸葛亮胜他一筹的事实，最终只能在"既生瑜，何生亮"的苦闷中死去。若他能以平和的心态看待这个问题，也许他会发现诸葛亮虽然在计谋上略胜一筹，可带兵打仗这事，他未必会输给诸葛亮,他也许还可以在历史的舞台上延续赤壁之战的辉煌。

人生往往就是这样,欲享受欢乐先承受痛苦。实际上,挫折给人带来的痛苦并不可怕,痛苦本身就是一种"清醒剂",这能使外化的心智变得内敛,使躁动的情绪渐趋冷静,使麻木的神经变得清醒……古今中外,在困难中不灰心,在挫折中不丧气,终于取得成就的事例举不胜举。贝多芬耳聋之后成了著名的作曲家,雨果在流亡期间写出了《悲惨世界》……正是人生路上的挫折,铸就了他们的传世之作。挫折可以磨炼意志,砥砺思想,促人发奋。众所周知的体育运动员桑兰,在比赛时因意外导致瘫痪,几乎送掉性命,但这位巾帼勇士却笑对挫折和不幸。即使躺在病床上,全身不能动弹,她的眼神里仍然流露出坚强的意志,闪耀着不屈不挠的光彩。

1876年,一位20来岁的年轻人只身来到芝加哥,他一无文化,二无特长,为了生存,只好帮商店卖肥皂。随后,他发现发酵粉利润高,立刻投入了自己所有的本钱购进了一批发酵粉。结果他发现自己犯了一个错误:当地做发酵粉生意的人远比卖肥皂的人多,自己根本不是他们的竞争对手。

眼见着发酵粉如果不及时处理,损失十分巨大,年轻人一咬牙,决定将错就错,索性将身边仅有的两大箱口香糖贡献出来,凡是来到本店的客户,每买一包发酵粉,都赠送两包口香糖。很快,他手中的发酵粉处理一空。

在随后的经营中,这个年轻人又发现:口香糖在市场上越来越流行,虽然是个薄利行业,但因为数目庞大,发展前景要比发酵粉好。他当即脑瓜子一转，又集结起所有的家当，把宝押在口香糖上了。营销过程中，他积极听取顾客的意见，配合厂家改良口香糖的包装和口味，后来他感觉这种配合局限性很大，索性倾其所有，自己办起了口香糖厂。

1883年，他的"箭牌"口香糖正式面世。但在当时，市场上的口香糖已有十多个品种，人们对这支生力军接受的速度非常慢，他一下子又陷入了困境。这时候，他想了一个更为冒险的招数：收集全美国各地的电话簿，然后按照上面的地址，给每人寄去4块口香糖和一份意见表。

这些铺天盖地的信和口香糖几乎用尽了年轻人的全部家当，同时，也几乎在一夜之间，"箭牌"口香糖迅速风靡全国。到1920年，"箭牌"口香糖已经达到年销售量90亿块，成为当时世界上最大的营销单一产品的公司。这位惯于"错中求胜"的年轻人，就是"箭牌"口香糖的创始人威廉·瑞格理。

不仅如此，接下来的大半个世纪，"箭牌"口香糖还干过几件忙中出错的事情：20世纪60年代，公司投资1000多万美元成立了保健产品分部，并推出了抗酸口香糖。但由于糖里添加了有争议的药物成分，新产品没上市便被查禁，胎死腹中。为了抢占市场优势，他们更是投入巨资，大胆收购一些竞争对手，以至于几度陷入严重的经营和生产危机。

昏招迭出的"箭牌"最后的命运如何呢？到今天，"箭牌融入生活每一天"的广告词已经家喻户晓，"箭牌"口香糖也已成为年销售额逾50亿美元的跨国集团公司。说起成功的奥秘，第三代传人小瑞格理一语道破了天机：那就是"大胆犯错"——须知机遇只有在试错的过程中才能发现，只有经历过失败，才能清晰地找准成功的方位。

不管我们所处的环境如何，不管我们生活中有哪些不幸与挫折，我们都应该及时调整自己的心态，微笑着面对生活。我们每个人都应树立正确的人生目标，正确对待挫折和失败，并从中总结经验教训，努力培养自信、坚毅、乐观向上的品格。

挫折的确会给人打击，带来损失和痛苦，但也能使人奋起成熟，从中得到锻炼。如果一直认为自己处处受制于人，总觉得身处困境的自己很需要别人来帮助、来挽救、来重塑，那么永远也不可能获得成功。挫折有消极的一面，也有积极的一面。要把每一次成功都想象成一种幸运，把每一次失败都视作一次尝试。黎明前的天空总是朦胧的，失败后能重新站起来才是一种勇气。塞万提斯曾说："丧失财富的人损失很大；可是丧失勇气的人，便什么都完了。"微笑面对逆境中的自己，坚定信念，绝不言败，用微笑与自信为挫折句号。

生活告诉人们，自然界的季节可以重复，拉断的琴弦可以更换，演糟了的戏可以重排，唯独人生没有第二次。如何面对人生的苦难，这是一个活着的人必须回答的课题。当然，不同的人会有不同的答案。在1944年圣诞节到1945年元旦的一个星期中，关押在德国集中营里的俘虏死亡率大为增加。为什么？人们分析这种现象并非因为环境恶劣，而是因为大多数俘虏都抱着一个天真的希望，以为他们会在圣诞节重归故里。当佳节渐渐逼近时，佳音依然杳然，于是他们万念俱灰，大大削弱了身体的抵抗力而引起大批死亡。

哲学大师尼采有句名言："懂得为何而活的人，几乎任何痛苦都可以忍受。"相反，看不到个人生命的目标，觉得活下去没有什么意义的人是最悲惨的。而这种人在听到鼓励和敦促时的典型反应便是："我这辈子再也没有什么指望了。"假如一个人在困境中有如此感受，那将是一首生命的挽歌。

《活出意义来》一书的作者弗兰克博士，曾是"二战"中集中营里的一名囚犯。他的双亲、哥哥、妻子不是死在牢里，就是被送入毒气室，一家人仅有他和妹妹得以幸存，但他的精神和觉悟，却在烈火中冶炼出了真金。这位精神医学家在惨绝人寰的环境里经过观察研究，终于写出了揭示人类命运的这部精神产品。山东聊城有一位青年高考落榜后，面对一贫如洗的家境、疾病缠身的父母，毅然走出家门去济南捡破烂为生，一干就是八年，常常居无定所，食不果腹，寒冬腊月蜷缩街头也是常有的事。为了维持全家人的生活、供弟弟读研究生，他竟然将自己每天的生活费标准控制在一元以下，艰苦的生活条件使他的体重下降到45公斤。然而，硬是靠着对生活的信心，他一面拼命挣钱，一面勤奋学习，先后在全国有影响的报刊上发表了几十首诗歌。作家出版社还专门为他出版了个人诗歌专集，他在好心人的帮助下上了山东师范大学中文系，圆了他多年的大学梦。

法国大作家巴尔扎克说过:"苦难是人生的一块垫脚石,对于强者是笔财富,对于弱者却是万丈深渊。"孟子也说过:"天将降大任于是人也,必先苦其心志,劳其筋骨,饿其体肤,空乏其身,行拂乱其所为。"其实他们两位想告诉我们的是,挫折即是生活。我们每一个人,无论你多么富有,或者是多么困苦,挫折总会不离你左右的。有一句俗话:顺风船的风篷是永远也拉不直的。总会遇到逆风的情况,翻船的事是永远存在的。所以我们如果想把自己的日子过好,做好准备迎接困难是必须的,也是逃避不了的。有哪一位名人或伟人,没有经过风吹雨打?有哪一个人可以一辈子一直顺风顺水?

有一个博学的人遇见上帝,他生气地问上帝:"我是个博学的人,为什么你不给我成名的机会呢?"

上帝无奈地回答:"你虽然博学,但样样都只尝试了一点儿,不够深入,用什么去成名呢?"

那个人听后便开始苦练钢琴,后来虽然弹得一手好琴却还是没有出名。

他又去问上帝:"上帝啊!我已经精通了钢琴,为什么您还不给我机会让我出名呢?"

上帝摇摇头说:"并不是我不给你机会,而是你抓不住机会。第一次我暗中帮助你去参加钢琴比赛,你缺乏信心,第二次缺乏勇气,又怎么能怪我呢?"

那个人听完上帝的话，又苦练数年，建立了自信心，并且鼓足了勇气去参加比赛。他弹得非常出色，却由于裁判的不公正而又一次失去了成名的机会。

那个人心灰意冷地对上帝说："上帝，这一次我已经尽力了，看来上天注定，我不会出名了。"

上帝微笑着对他说："其实你已经快成功了，只需最后一跃。"

"最后一跃？"他瞪大了双眼。

上帝点点头说："你已经得到了成功的入场券——挫折。现在你得到了它。"

这一次那个人牢牢记住上帝的话，他果然成功了。

由此可见，苦难与不幸是人生的伴侣。轻易得到的幸福，人们往往不知珍惜，只有经历过不幸的人，才知道幸福的珍贵。苦难的意义正在于此。自古之伟业，皆是"苦其心志，饿其体肤"的结果。汗牛充栋的成功励志书籍里，极尽鼓吹各种成功的"捷径"，这实在是不负责任之举，年轻人更是深受其害，终日把所谓的"不劳而获""一分耕耘，两分收获"奉为金科玉律。

锦绣前程不可能就在脚下；天空也不会时时放晴，乌云骤雨总是蓄势待发；太阳的灿烂岂能长久，阴霾终有显露的一天。成功之道，不在于资金、能力，而有赖于对未来叵测的认识。世上的道路，必定有荆棘坎坷，无论其处于路途的中间，抑或旁边，暴风雨都有降临的那一天。尽管目前驶在成功的洪流之中，看似鹏程万里，我们也要预想前路的障碍，放眼挫折。当飓风袭来时，记得绕开礁石，并时刻准备迎击风暴……

六、从失败中找到自信

俗话说："人生不如意十之八九。"人的一生不可能事事顺心，永远成功，必然要经历一次又一次的挫折与失败。二十几岁，正当初出茅庐，挫折与失败自然也是必经之事，这就需要我们有足够的力量去应对，这其中最强力量无疑是对自己的信心。我们应该看到，世界上所有成功之人，他们都是在失败中寻找自信，以信心克服所有的障碍，最终取得巨大成就。

二十几岁的年龄，生活的路还很长，失败是无可避免的。钱学森指出："正确的结果，是从大量的错误中得出来的，没有大量错误做台阶，也就登不上最后正确结果的高峰。"有志气、有作为从而获得成功的人，并不是因为他们掌握了什么走向成功的秘诀，而恰恰在于他们在失败与挫折面前不唉声叹气，不悲观失望，在失败中找到了自信。成功与失败并没有绝对不可跨越的界限，成功是失败的尽头，失败是成功的黎明。失败的次数越多，成功的机会亦越大。

失败是迈向成功的阶梯。任何成功都包含着失败，每一次失败与挫折都是通向成功不可跨越的台阶。可以说，失败也是人生中一种不可缺少的财富,人生经历的挫折与失败越多,积累的经验也就越丰富,独立面对生活的能力也就越强。有句歌词唱得好:"不经历风雨,怎能见彩虹,没有人可以随随便便成功。"在我们成长的道路上,我们更需要有参与竞争经受失败的机会,继而引导自己在失败中寻找成功的自信,在困难中培养向上的精神,百折不挠,走向成功。

成功者不一定具有超常的智能,也大都没有特殊的机遇和优越的条件,更不是没有经历过挫折、艰难与失败的人。相反,成功者大都是历经坎坷,能在不幸的境遇中奋起前行的人。而且也不可否认,对成功者来说,艰险的处境、失败的打击和对于新事物没有经验,也会相应地给他们带来困扰、忧虑、苦恼和烦躁不安的情绪。但成功者不怕这些困难,更不会被它们压垮。

一家公司需要招聘一名副经理,消息在报纸上发布后,应征者云集。一天,来了一个应征者,年龄看上去有40岁,但人很精神,信心百倍、志在必得的样子。

看过他的简历,公司老总便皱起了眉头:"先生,我们要求年龄在35岁以下,大学本科以上学历,可您已经38岁,学历却只是大专。对不起,请您到别的公司去碰碰运气吧!"

他接过简历,并没有立即走出去,显得很沉着,也许他早已预料到老总会这么说了。他谦恭而自信地对老总说:"请再给我五分钟时间,如果五分钟后你还没有改变主意聘用我的话,我将不会遗憾。"

老总皱了皱眉，示意他继续说下去。

"是的，与前来应聘的人相比，我在文凭和年龄上都不占优势，但我的工作经验却是丰富而宝贵的，我虽然不符合你们的选人标准，却不见得不符合你们的用人标准，我应该是公司最需要的人才，最有希望为公司创造财富！"

听着他这近乎自负的推销，老总不屑地笑了："你凭什么说自己经验丰富，是公司最需要的人才？"

"我工作十五年了，先后在十三家企业工作过。"

"这就是你所说的'丰富经验'？你的经历的确丰富，但你在十五年内换过十三次工作，这太可怕了！我们对那些心猿意马、跳来跳去、这山望着那山高的员工并不欣赏。"出于善意的目的，老总想教训一下他。

"是的，这是我的经历。需要声明的是，我虽然换了十三次工作，但十五年里我一直都从事着食品营销的工作，工种上从来没有换过，我在这方面积累了丰富的经验。况且，这十三次跳槽也并非出自我本意。"

"那是什么原因？"

"那是因为我工作过的十三家企业先后以各种原因倒闭了。"

"哈哈，你真是个彻头彻尾的失败者！"此时，老总的语气里满是嘲讽，"你先后在十三家企业工作，并且公司都已经破产，这怎么能说明你有能力？"

他依然很镇定，对老总的挖苦没有在意，平静地说："不，这不是我的失败，而是那些公司的失败。更重要的是，我见证了他们的失败，而这些失败已经积累成了我自己的财富。我很了解那十三家公司，我与同事曾努力挽救它们，虽然不成功，但我知道错误与失败的每一个细节，并从中学到了许多东西，这是其他人学不到的。很多人只是追求成功，而我更有经验避免错误与失败！"

这下轮到老总惊诧了。他的一席话深深地打动了老总。从他自信的谈吐及睿智的思考中，老总看到了站在自己眼前的分明不是一个失败者，而是历经失败正在接近成功的人！是啊，公司所需要的不就是这样既有丰富的业务经验，又有丰富的市场经历，有规避风险能力的助手吗？

末了，老总问了他一个连他自己也有些吃惊的问题："你为什么这么自信？难道你不怕我刚开始就把你轰出去吗？"

他笑了："我自信，是因为我曾经失败过。一个开明而有远见的老板是不会拒绝一个经历过多次失败，又懂得如何规避失败走向成功的人的！我深知，用十三年学习成功经验，不如用同样的时间经历错误与失败，所学的东西更多、更深刻。"

"你被公司破格录取了，请到人事部报到。"老总终于向他伸出了热情的手。

"我自信，是因为我失败过。"是啊，成功是一种财富，但失败又何尝不是一种财富、一种宝贵的积累呢？成功的经验大抵相似，容易模仿，而失败的原因各有不同。别人的成功经历很难成为我们的财富，但别人的失败过程却是我们弥足珍贵的财富！

就其价值而言，失败的经验可能会比成功的经验更有价值、更为宝贵。一次成功并不能代表永远成功，过去的成功也不能代表现在的成功。成功带来的是自信，而自信是成功的"法宝"。当然，成功的前方也可能就是失败。而失败呢？一次失败并不代表永远失败，过去的失败也不代表一直失败，与失败伴随的是成功的欲望、失败的经验，失败的前方也可能就是成功。

遗憾的是，在现实生活中，人们都在追求成功，没有谁愿意失败，即使经历了失败，也很少有人以乐观、自信的心态去对待失败，反而因为害怕失败而不敢于尝试。要知道，失败的经历越多，成功的概率也越高。敢于失败，乐观地对待失败会让你积累宝贵的人生财富，促进成功。有朝一日，当你经历了太多的挫折或失败后，面对新的起点，请大声说：我自信，是因为我失败过！

在我们的人生道路上，绝不会一帆风顺，但是我们必须相信自己。如果我们自己都认为自己不行，对自己失去信心，那么我们首先就败给了自己。只有相信自己行，才能去大胆尝试。著名的科学家爱迪生在发明电灯的过程中，屡次碰壁，屡次失败，但他就是在失败中找到了自信，一直没有放弃，最终为人类做出突出的贡献。

一件事当你做失败后，不要怕，从头再来，把失败当作你脚下的基石，只要努力地踮起脚尖用自信把自己抬高点，相信自信可以战胜一切挫折与失败，用自信点亮成功，用自信克服失败，用自信战胜挫折——这就是你成功的秘诀！

　　当你遇到挫折的时候，应该保持头脑清晰、面对现实、勇敢面对、不要逃避。冷静地分析整个事件的过程，分析一下是自己本身存在的问题，是由于外来因素而引起的呢？还是两者皆有呢？假如是自身因素的话，那么就应该好好反省一下，为什么会犯这样的错误呢？以后应该怎样做，才能避免同类事情发生呢？事情已经发生了，不要急于去追究责任或是责怪自己，而应该想想事情是否还有回转的余地。要是有的话，应该怎样做才能把损失或伤痛降到最低呢？应该怎样做才会使自己感觉舒服一点呢？无论如何，请记住一句话——没有永远的困难，也没有解决不了的困难，只是时间的长短而已。困难与人生相比，它只不过是一种颜料，一种为人生增添色彩的颜料而已。当你遇到困难的时候，不要逃避问题或借酒消愁，有道是："借酒消愁，愁更愁啊！"只要你对自己有信心的话，那么什么困难都难不倒你。

　　布鲁金斯学会创建于1927年，以培养世界上最杰出的推销员著称于世。它有一个传统，在每期学员毕业时，都设计一道最能体现推销员能力的实习题，让学生去完成。克林顿当政期间，他们出了这么一个题目：请把一条三角裤推销给现任总统。八年间，有无数个学员为此绞尽脑汁，最后都无功而返。克林顿卸任后，布鲁金斯学会把题目换成：请将一把斧子推销给小布什总统。

　　鉴于前八年的失败与教训，许多学员知难而退。个别学员甚至认为，这道毕业实习题会和克林顿当政时一样毫无结果，因为现在的总统什么都不缺，即使缺什么，也用不着他们亲自购买，再退一步说，即使他们亲自购买，也不一定正赶上你去推销的时候。然而，乔治·赫伯特却做到了，并且没有花多少工夫。一位记者在采访他的时候，他是这样说的：我认为，把一把斧子推销给小布什总统是完全可能的，因为小布什总统在得克萨斯州有一座农场，那里长着许多树。于是我给他写了一封信，说，有一次，我有幸参观您的农场，发现那里长着许多矢菊树，有些已经死掉，木质已变得松软。我想，您一定需要一把小斧头，但是从您现在的体质来看，这种小斧头显然太轻，因此您仍然需要一把不甚锋利的老斧头。现在我这儿正好有一把这样的斧头，它是我祖父留给我的，很适合砍伐枯树。倘若您有兴趣的话，请按这封信所留的信箱，给予回复……最后他就给我汇来了15美元。

乔治·赫伯特成功后，布鲁金斯学会在表彰他的时候说：金靴子奖已设置了26年。26年间，布鲁金斯学会培养了数以万计的推销员，造就了数以百计的百万富翁，这只金靴子之所以没有授予他们，是因为我们一直想寻找这么一个人——这个人从不因有人说某一目标不能实现而放弃，从不因某件事情难以办到而失去自信。

"不是因为有些事情难以做到，我们才失去自信，而是因为我们失去了自信，有些事情才显得难以做到。"是啊，如何在失败中找到自信，这更是关乎我们成功之关键。

自信并不能让你从不失败，而是经历失败、总结失败，然后在失败中找回自信，让自己走向成功。

无须害怕今日的失败，一次失败并不能击败你，人们欣赏百折不挠的失败者，轻视半途而废的懦弱者。所以，加油吧！持续你的努力，每天、每个月累积一点一滴，原本今天无法实现的理想，明天就可看到丰硕的成果。

真理在燧石的敲打下闪闪发光，失败就是锤炼人意志的燧石。那些献身于人类伟大事业的创造者，在接连不断的挫伤和失败面前，不但没有被压倒，反而会变得更加坚强，表现出了坚定不移，向着既定目标前进的英勇气概。

只要你进取，就必然会有失误；只要你还活着，就绝不是彻底失败！失败有什么可怕呢？

七、失败能让你看透现实

失败能让你看透现实，每一次失败都是对现实的一种感悟，就像是在晦暗的黑夜里摸索一条光明之道。我们一直在祈求成功，然而我们往往得到的却并不是成功，或者就算成功了，也是经过了极其曲折的过程，这种过程耗费着我们的时间，耗费着我们的青春。但我们不需要害怕，二十几岁的年龄，其实就是用来失败的年龄，这个时候的失败比成功更具有意义，它代表着你的思考，代表着你的进步；相反，如果你害怕失败，而不敢去做你以前不曾做过的事情,也许你不会失败,但你只是生活在自己的笼子里,终究还是对这个社会缺少认知,这必然对你今后的发展有很大不利。

二十几岁是人生的一道坎,在这十年里,有的人用双手打造出自己的一片天下;而有的人却碌碌无为、虚度光阴,到三十多岁时依然无所适从、疲于奔命。在大草原上,狮子妈妈教育自己的孩子:"孩子,你必须跑得再快一点,再快一点。你要是跑不过最慢的羚羊,就会活活饿死!"在另外一个场地上,羚羊妈妈也在教育自己的孩子:"孩子,你必须跑得再快一点,再快一点。如果你不能比跑得最快的狮子还要快,就肯定会被它们吃掉!"在这个能者上、庸者下的时代,如果你不努力,也许第二天就会下岗、失业。

二十几岁,也最容易迷失自己。你可能因为对工作不满而不停地跳槽;你可能因为找不到奋斗方向而惊慌失措;你可能因为无法找到现实与理想的交叉点而愤世嫉俗;你可能因为找不到真爱而游戏爱情,或一蹶不振;你可能认为自己还有大把的时间而将时间消耗在麻将桌上、电子游戏厅,甚至歌舞厅里……

然而,你必须明白,二十几岁时就得铆足劲儿往前冲。二十几岁不是玩乐的季节而是奋斗的季节。二十几岁的年龄,即使没有人逼迫,你也应该不假思索地跳入这个充满紧迫感的旋涡。二十几岁,是人生的黄金季节。所以,你必须带着成功的野心和时不我待的紧迫感奋力地打拼未来。二十几岁,是成熟和发生质变的飞跃阶段。只有抓住这一关键的黄金时期,尽一切可能地完善自我,化蛹为蝶,蜕变为一名成功人士,才能彻底赢得光辉一生和别人的尊重!

　　但是,说这么多二十几岁需要明白的道理,这其实是无用的,你必须面对现实,看透现实,把握现实,最后超越现实。

　　放眼当今社会,尽管成功人士通向成功的路各不相同,但都有不少相同的特质:勤奋好学,比任何人都能吃苦;勤于思考,精于谋划,凡事多想一层或几层;坚强勇敢,敢想敢干,看准了的事情就不轻易放弃;海纳百川,善于利用社会资源办大事。这些成功者的特质,归纳起来,就是一句话:做自己命运的主宰者!我们应该随着时代的变迁而调整自我,但是我们信守的原则是不变的。生活在急剧变化的时代,我们要努力跟上时代的步伐,不断改变自己,提高自己。翻阅《孙子兵法》,比之时势所造的英雄,我们更仰慕造时势的英雄,因为那至少意味着破旧迎新。加拿大有位叫琼尼·马汶的少年,由于学习成绩不好,他便退学了,回家后他无法面对父母失望的眼神,只好外出找工作,帮人修剪花木,以此来弥补自己在学业上的不足。一位心理学家对他说:"每个人都有自己的特长,就看你怎么去发现了。"马汶带着这句话,每天都辛勤地修剪花木,久而久之,人们便发现经他修剪过的花草出奇的美,大家都称他为"绿拇指"。25年后,马汶成了一名出色的园艺家,使年迈的父母倍感骄傲。在平凡中改变自己,发掘自己的潜能,会发现原来改变自己便是一种成功。不想被水冷却,就要使水沸腾改变自我,自强不息,才会在弱肉强食的社会中生存。

　　台湾著名歌星,被誉为"情歌王子"的张信哲,刚出道时并没有时下这般光鲜耀眼。那时候，他虽然加盟了一家音乐公司，实际干的却是杂工的活儿：给每一位工作人员送盒饭，忙不迭地一趟趟为别人买急需的东西，每天总是干些七零八碎的事情，他渐渐感到自己的音乐梦想越来越遥远，情绪也一天比一天低落。

终于有一天，情绪低落到极点的他逃回家里，在父亲面前失声痛哭。"孩子啊，人要学会让自己沸腾。"父亲没有过多地劝慰，而是给他讲起一位邻居的故事：铁匠的女儿因生活不如意想自杀，她父亲知道后，并没有劝说女儿，只是把一块烧得通红的铁块放在铁砧上狠狠地锤了几下，随手丢入身边的冷水中。"刺"的一声，水沸腾了，一缕缕白烟向空中飘散……女孩的父亲对她说："你看，水是冷的，铁却是热的。热铁遇到冷水，两边就展开了较量——水想使铁冷却，铁却想使水沸腾。现实也是如此，生活好比冷水，你就是热铁，如果你不想冷却，就要让水沸腾。"

父亲的话让张信哲心头一震，他失落的心又充满了奋斗的勇气：他要让自己沸腾！几年后，他终于在歌坛打开了自己的一片天地。

所以，在现实中成功并不是失败的积累，而是对失败的总结与超越。如果认识不到这一点，就会导致"失败越多越成功"的荒谬结论。比如数学上有名的平行公理，从它问世以来，一直遭到人们的怀疑。几千年来，无数数学家致力于求证平行公理，却都失败了。数学家波里埃终身从事平行公理的证明却毫无成就，最终在绝望中痛苦地死去。正当这个问题像无底洞一般吞噬着人们的智慧而不给予任何回报时，罗巴切夫斯基在经过七年求证而毫无结果时，找出了失败的原因。罗巴切夫斯基在屡次失败之后，总结分析了失败的前因后果，从本质上认识了这一问题，从而取得了成功。由此可见，要把失败向成功转化由可能变为现实，必须经过不断的探索和科学的分析，从失败中吸取教训，指导今后的工作，这样才算没有"白白"的失败。

失败能让你看透现实，更重要的是要让失败成为我们行动的指南。"宝剑锋从磨砺出，梅花香自苦寒来"，从失败中获益，从勤奋中崛起，这才是有志青年的成才道路。

为什么企业常常会批评我们"眼高手低"？为什么长辈会说我们"办事不牢"？为什么我们豪情万丈、激情四溢，却依然得不到上司来"委以大任"？为什么在学校年年拿奖学金，出自名校的我们会得不到用人单位的青睐？……因为我们没有正视现在，没有看透现实，没有意识到，刚出校门没多久的我们除了一纸文凭和各种各样的证书之外，其他有关职业方面所具备的技能和素质都极为贫乏。

二十几岁的人，只有正视现在，看透现实，才能发展。如果一味地躺在过去的摇篮里而忽视现在，那么你只能等着被淘汰。

看透现实，首先我们要正视自己。爱尔兰著名的戏剧家王尔德曾经说过："那些自称了解自己的人，都是肤浅的人。"这的确是无可争辩的事实。因为对每个人来说，要想完全了解自己，并不是一件容易的事情。正像有些时候，我们面对镜子里的自己却发出疑问：这是我吗？当有人夸奖你时，你应该实事求是地审视自己一番，看看是否果真如此；当别人贬损你时，你也不要因此自暴自弃。只有你自己，才能真正了解自己。

生活中，我们常常积极地分析他人的优点和缺点，为他人给出中肯的建议，而对自己却缺乏相应的了解。一流的剑客，总会留一只眼睛看自己，因为他们深知，一个剑客如果只知道注视敌人，进攻敌手，却不知道保护自我，那么等待他的极有可能是灭顶灾难。剑术之道如此，人生之道又何尝不是如此？关注自己，透视自己的灵魂，检点自己的内心，让自己在为理想而奋斗的过程中，一刻也不背离自己的初衷，才能达到最终的目标。

其次，你要充分正视社会大环境在不断改变所带来的影响，因为每一个人都不可避免地接受着社会大环境的巨变所带来的影响和冲击，所谓"物竞天择，适者生存"讲的就是这个道理。几万年前，熊都是生活在一起的，后来环境巨变，一部分熊到了北极，在寒冷的环境中，它们长了厚厚的一层毛，学会了游泳、冰下捕鱼；而另一部分熊则到了山区成了大熊猫，因为肉食动物太强大，草食动物太多，它们不得不改吃竹子。因为竞争食物的对手很少，所以它们变得异常慵懒。再后来，环境越来越恶劣，竹子越来越少，它们未能承受环境巨变的冲击，成为濒临灭亡的物种，只能靠人类的帮助才得以苟延残喘。

网络上流行的一段名为《谁叫我们是"80后"》的话特别发人深省："我们上小学时，上大学不要钱；我们上大学了，上小学不要钱了；我们还没能工作的时候，工作是分配的；当我们可以工作的时候，撞得头破血流才勉强找份饿不死的工作；当我们不能挣钱的时候，房子是分配的；当我们能挣钱的时候，却发现房子已经买不起了；当我们没有进入股市的时候，傻瓜都在赚钱；当我们兴冲冲地闯进去的时候，才发现自己成了傻瓜。"每一个时代都有它本身的进步和悲哀，一味抱怨只会让自己在大环境面前愈加渺小。在这个快马加鞭的时代，不正视现在、不放眼未来和缺乏前瞻的心态都是非常危险的。

在正常情况下，任何人、任何事物都是在不断变化和发展的，只有看清现实，才能承受社会大环境的影响、制约和冲击，才能有美好的未来。也许以前你身边的人过得比你差，你认为是正常的、应该的；现在别人高升了、开公司了、有钱了，你就不习惯了，觉得不正常了。这是一种很不健康的想法。指望别人继续落后而自己继续发展，是不切实际的，因为你存在一个用静止的眼光来看待发展事物的盲点、误区。

八、失败让你摸清规律

失败是到达成功的目标之前必经的环节。任何一项事业的成功都不可能一帆风顺，一蹴而就，因为一切真正有意义的事业都需要付出艰辛的努力，其间难免失误、难免失败。没失败就不会有成功，不克服失败就不能到达成功的目的地。

奋斗是超越失败，将成功的希望转化为现实的必要劳动。要奋斗，就会有失败，要超越失败，还是要靠奋斗。只有坚持不懈地顽强奋斗，才能发现失败的根源及克服失败的途径和方法，才能把克服和预防失败的方案、措施付诸实施。

成功的希望只是一种主观的愿望，任何主观愿望都不会自动地转化为现实，而要经过奋斗的行动这一必要劳动。世界上没有一种真正有价值的东西，可以不经过奋斗的艰辛劳动而能够得到。成功之花靠奋斗者辛勤劳动的汗水去浇灌。

成功是通过奋斗与失败的多次循环而实现的。奋斗，失败，再奋斗，再失败，再奋斗……直至成功，奋斗与失败的每一次循环，都将人的认识提高到一个新的水平和高度，都向成功的目标走近了一步。

在现实生活中，通过奋斗与失败的一次循环就实现成功的目标的事是很少的。因为一个正确认识的形成，往往需要经过实践、认识、再实践、再认识……的多次反复才能完成。在这种多次反复的过程中，每一次反复都包含着错误和失败。一项事业越艰巨复杂，工程越浩大，越具有探索性、创新性，奋斗与失败的循环次数就越多，有的甚至可能要经过成百上千次乃至成千上万次循环，才能享受到成功的愉悦。

鲁冠球说过，失败是有规律的，成功是没有规律的。懂得成功的一般规律，把握奋斗、失败与成功的辩证关系，将有助于增强奋斗的自觉性，提高奋斗的成功率。

曾经，有一个人看到了蝴蝶正奋力从茧中挣脱出来，由于茧的口太小，它努力了很久还是进展甚微。这个人以为它被卡住了，就拿剪刀把口弄大了一点。

蝴蝶终于破茧而出，但是它的翅膀又干又小，躯体也是干瘪的。事实上，蝴蝶从茧中挣脱的时候，它会分泌液体，使翅膀丰满，如果没有这个过程，它就不会飞。这个人的善心反而帮了倒忙，蝴蝶再也飞不起来了，只能颤颤巍巍地爬行。

同样的道理，据统计，剖宫产的孩子得肺炎的概率高达80%，而自然生产的小孩子却只有不到10%。为什么呢？在自然生产中，婴儿从母亲的身体里分娩出来的时候，受到挤压，这时候对孩子的肺及对身体机能的发育，都是有帮助的。剖宫产，实际上消除了这一自然过程，导致婴儿对外界的抵抗能力降低。

因此，失败是自然规律起作用的结果。当失败是自然规律一部分的时候，我们消灭了失败，也就消灭了成功。就像蝴蝶一样，蝴蝶在茧里挣扎，表面上是一种失败，但是它真的失败了吗？失败这个过程里它分泌出液体让自己长出翅膀。我们消灭了它努力出壳的艰难过程，就是把其翅膀的发育过程给消灭了。

据说宝洁公司有这样一条规定："若员工三个月都没犯错，就会被视为不合格员工。"董事长白波对此解释说，那说明他什么也没干。无独有偶，美国考皮尔公司前总裁F.比伦将"失败乃成功之母"总结为："失败也是一种机会"的"比伦定律"。由此可见，工作中犯错误与失败都不可怕，反而这种失败有时候还是一个人通向成功的必经之路。

"商业这么大，都是有计划做的，单讲感觉是不行的。谁找到规律，谁就占了先机，再不好的地方都有人赚钱。"缪寿良如是说。可以说，正是"危机"成就了今日的缪寿良——一个拥有数十亿身家的富豪，成功缔造了一个地产王国。

缪寿良前后经历了三次危机，且一次比一次大、一次比一次猛烈，他却每次都能转"危"为"机"。他认为，这是因为自己总是能比别人看得更远，知道从失败中摸清规律。他说："我做老总，意识要超前，在10年前就能意识到未来会发生什么事，所以我能带领兄弟们往前冲。"

"当初做海滨市场的时候，我拿着图纸一看，就说这是最好的地方，别人都不相信，因为那里是一片荒滩，青蛙还在上面跳。但是那时整个蓝图已经在我脑海里了，我要建10万平方米面积的大市场，把市场的一楼、二楼用来做商场，请人唱歌跳舞，把它搞旺。当时，员工们都担心，这么大的场面，做不起来怎么收场，但是我不怕，我有经验，心里非常踏实，这是非常重要的一个战役，是从房地产转向商业的关键一环。现在我要做大，做最大，每一个环节都是非常危险的，但是我有自信，别人看来危险，我看不危险，因为我思路清晰、方向明确。最后结果证明我是对的，我的每一战都打得很漂亮，基本上每一步走的路都没有后悔，商业这么大，都是有计划做的，单讲感觉是不行的。谁找到规律，谁就占了先机，再不好的地方都有人赚钱。"

在缪寿良身上，有着一种令人肃然起敬的气质：他非常善于从失败或成功的经验中寻找事物的发展规律，这也是他那种惊人直觉的源泉。比如，缪寿良第一次学人家做生意以失败告终，但是缪寿良从失败中学到了最重要的一课：千万要注意市场行情的变化，以后像这样的生意，他做了大大小小不少于一千宗，再没有失败过。

这种习惯于找规律的思维气质沉淀到缪寿良的潜意识中发展成为惊人的商业直觉，所以，他能在重要时刻，比别人看得更透、更远。尤其在楼市反水之后，他更加意识到找规律的重要性："企业的大好时机只存在那么几年的时间，更多的时候是处于低谷，企业家们应当学会如何在不利的状态下生存下去，在处于低谷的时候积蓄实力，在时机来临时才能厚积薄发。"

在人生旅途中，机会无处不在。但机会又是稍纵即逝的，你不可能在做好所有的准备后再去把握。这就要求我们有一种试错精神。即使最后证明自己错了，也不会后悔。因为你把握了机会，而且至少知道了你先前把握机会的方式是行不通的。人们常说失败是成功之母，失败是一笔财富，含义也在此。

美国管理学家彼得·杜拉克认为，无论是谁，做什么工作，都是在尝试错误中学会的，经历的错误越多，人越能进步，这是因为他能从中学到许多经验。杜拉克甚至认为，没有犯过错误的人，绝不能将他升为主管。日本企业家本田先生也说："很多人都梦想成功。可是我认为，只有经过反复失败和反思，才会成功。"实际上，成功只代表你努力的1%，它只能是另外99%的被称为失败的东西的结晶。

　　汽车工业是个"全球性"工业，20世纪60年代末，日本企业大规模向外发展，是从汽车开始的。但日本汽车第一次尝试进军美国市场，却以失败告终。面对失败，他们不埋怨、不相互指责，而是举国一致，重新部署，反复斟酌查找失败的原因，在总结经验教训的基础上他们重新确定了向美国提供油耗低、质量好，符合美国人的操作习惯，具有美国风格的美式汽车的战略。实践证明，他们的新战略是可行的。

　　IBM公司在1914年几乎破产，1921年又险遭厄运，20世纪60年代初再次遭遇低谷。但是，在一次次纠错中，他们最终都战胜了暂时的困难。有一次，IBM公司的一位高级负责人由于工作严重失误，造成了1000万美元的损失，他为此异常紧张，以为要被开除或至少受到重大处分。后来，董事长把他叫去，通知他调任，而且职务还有所提升。他惊讶地问董事长为什么没把他开除，得到的回答却是：要是我开除你，那么又何必在你身上花1000万美元的学费？

　　1995年，由于种种原因，联想（香港）集团出现巨大的管理、产品和财务危机。在有可能被投资者抛弃的危险时刻，联想没有恐慌，他们冷静分析了出现问题的原因，果断将香港联想和北京联想合并，使联想整体渡过了难关。从这件事情中，联想掌舵人柳传志领悟到：中国内地市场在相当长时间内都应该是联想的主战场。正是基于对失败和挫折的反思，联想重新部署了中国本土市场的策略与布局，他们终于搭上中国PC市场快速增长的快车，成为1996—2002年中国快速增长的PC市场上最大的赢家。

其实，这不是联想第一次遭遇市场挫折。联想的起家是从科学院贷到的20万元，由于当时急于赚大钱，在一笔生意中被骗去8万元，整个公司陷于困境。1998年，联想管理层又出现巨大震荡。在联想20年的成长过程中，虽出现过几次重大挫折，但与许多中关村企业不一样的是，他们能够迅速从这种挫折中站起来。

二十余年来，微软一路坦途，但盖茨认为失败是成功的基础。因此，盖茨常常雇用在其他公司有失败经验的人做其助手，借用他们的失败经验避免重蹈覆辙。盖茨最为欣赏的人是福特汽车创始人福特和通用汽车创始人斯隆。盖茨办公室有一张福特的照片，作为激励，也作为警惕——福特梦想做出便宜好用的交通工具，创造出汽车世纪，但最后固执地坚持原来的信念而不能持续进步，二十年后霸主地位被后起的通用取代。悬挂一张福特照片，既是对他普及汽车全民化的崇敬，又是对他失败的一种反思。

失败是希望之火，点燃理想之灯；失败是理想之灯，照亮前进之路；失败是前进之路，让人找到通往成功的规律！古话云："蚌病成珠。"如果说美丽的珍珠是蚌历经痛苦磨炼得出的结晶，那么智慧就是人们战胜无数挫折才得到的珍贵大礼。失败和挫折丰富了我们的人生，赋予我们奋斗的动力，让我们摸清规律，在黑暗中为我们指引前进的方向。"人的生命似洪水在奔流，不遇岛屿和暗礁，难以激起美丽的浪花。"让我们善待失败，让这"美丽的浪花"使人生变得更加绚烂多彩。

九、失败中藏有机遇

毋庸置疑,二十几岁的我们,需要重新审视一下自己对失败的看法。或许,大多数人会觉得失败是一件坏事,必须避免。而这样的结果是,我们因为不愿意去承担失败的风险,而错失了更好的机会。

在现实生活中,我们会看到这样的现象:因为害怕失败所带来的责任,而不敢去尝试新的东西;因为害怕让别人觉得自己愚蠢,而不敢大胆地在会议上说出自己的新见解;因为害怕新产品被市场拒绝,而不敢大胆地提出创新;我们甚至在吃午餐的时候不敢尝试新的菜肴,仅仅是怕不合自己的胃口!这种来自内心的矛盾,阻止了我们在有可能失败的地方去尝试任何新鲜的事物。

的确,对于成年人尤其是二十几岁的成年人来说,由于太过于盲目地寻求自尊,什么事都追求完美,以至于难以承受失败。很多时候,我们都在被动地扮演旁观者的角色,而不愿冒险被当成傻瓜。相反,对于小孩子来说,最美好的事却恰恰是冒险,他们不会因为不断的自我评价而重负累累,不会过分地忧惧,他们会不受束缚地去尝试新事物。也许你还记得自己小时候在游乐场第一次开小赛车的情形,那个时候的你根本不在乎什么,只是猛地一下踩住了油门，疯狂地来回摇摆着，并且大声喊叫："哈哈，我开得不像想象的那样好！"

或许我们连自己都不明白这是为何，其实，很简单，因为小时候你并不认为失败是一件坏事，甚至不把失败看成失败。真的，当我们回头再来看自己孩提时，我们并不把失败当成一件坏事，更多的是把它当作一次学习的机会。

但是，不管如何，我们都要记住，在通往成功的道路上总是充满艰难险阻，不付出辛勤的劳动，就得不到任何有价值的东西。在不可避免的失败之后，如果你能够把追求目标的激情与坚持不懈的耐心结合起来，你就会发现失败中蕴藏着机遇。接下来这个故事是一个很好的例子，它能激励我们在艰难和看不到希望的时候坚持下去。

有个人的人生很艰难。6岁时父亲去世了，母亲为了维持生计不得不打两份工。多年来，这个小伙子一直悉心照顾着他的弟弟妹妹，给他们做饭吃。他的青春期仍然过得很悲惨。13岁时他和他的继父吵架，随后搬了出去，在农场找了一份工作。后来，他成了一名电车售票员。到了16岁，这个年轻人参了军，在古巴当了一年兵。退伍后，他回到家中，结了婚，并生了三个小孩。即便是在成年后，他仍遭遇了一连串的不幸。他的人生似乎被一系列的失败所困扰着。

刚开始的时候，这个年轻人经营了一家专门生产煤油灯的公司。在他开始经营他的生意之前，电器已经在农村普及，这也导致了他日后的生意屡屡受挫。然后，他开始通过函授课程学习法律，后来成为一名律师，不幸的是，一次在法庭上，他由于过于冲动而对客户使用暴力，这使他又一次失业了。最后，他开了一个加油站，在顾客们多次询问他加油站附近哪里有餐馆后，他又在加油站旁边开了一家小餐馆。这一次，好运似乎降临了。这家小餐馆从一开始的一张桌子、六把椅子发展到了有142个座位的大型餐馆，并且周围有汽车旅馆和加油站。看来他终于事业有成了，顾客们都很喜欢他提供的家常食品。但是当他试图通过发展连锁店，以扩大自己的规模时，他又一次失败了。不要以为这些挫折就可以摧毁这个年轻人的意志，这个小伙子搬到了北卡罗来纳州，在那里开了一家餐厅和汽车旅馆。不幸的是，他又一次失败了。

后来，他又集资开了一家汽车旅馆，这一次他成功了——直到第二次世界大战期间，他的汽车旅馆又一次面临倒闭。此后不久，他与妻子离婚了。后来，他和他的一个员工结了婚。

战争结束后，他又重新开始经营自己的生意，这一次是他有史以来做得最成功的一次，事业几乎达到了巅峰。到20世纪50年代初，他的餐饮企业已经价值165000美元，他开始出售餐馆的经营权。看起来他似乎真的成功了。但是，失败又一次打击了他。

政府兴修了一条高速公路，恰巧路过他所在的城镇。他又一次破产了。最终他以75000美元的价格变卖了他的资产，用这些钱来偿还债务。这时他已经66岁了，可以说是身无分文，他仅靠极少的积蓄和微薄的社会保障金维持着生活。每一次他发现的指环最终都又一次落进新的碎石堆中。他还能做些什么呢？除了激情之外，他一无所获。

请回想一下这名男子所遭受到的挫折，换成另一个人可能早就放弃了。如果他放弃了，大概也没有人会指责他。他已经赋予事业一个良好的运行条件，但总是没有令人满意的结果。显然，现在他必须放弃这一切了，但是他并没有这样做。这个人依然用他的激情来鼓舞自己，依靠多年来不断完善的食谱，继续从事餐饮事业。他很有耐心，不管成功到来得多晚，他依然相信自己会有所收获。

他是一个不屈不挠的人，他自己开着车走遍全国，向所有愿意沟通的人介绍自己的烹饪法和食谱。虽然被高级餐馆拒绝了，但还是有很多家常餐馆接受了他的食谱。他们每售出一份用他的食谱烹饪的菜肴，就支付给他5美分。四年后，他已拥有400个特许经营商。三年后，除了税收之外，他所赚的纯利润已达30万美元，过了一年，他以200万美元的价格出售了自己的企业。

今天，他的形象仍然代表了市场营销的一部分，目前这家企业已经有超过11000家连锁店的规模，遍及80多个国家和地区。答案是什么？这个人就是大名鼎鼎的哈兰·山德士上校，是肯德基的创始人。

正如美国考皮尔公司前总裁F.比伦所说，失败也是一种机会。若是你在一年中不曾有过失败的记载，你就未曾勇于尝试各种应该把握的机会。人生是需要积极态度的，在失败的时候，积极的人总是不断从失败中汲取养分不断成长，消极的人总是不断怨天尤人；

不断失败的人，往往是他们勇于不停尝试，不停努力，没有失败的人，往往是得过且过，做一天和尚撞一天钟。不断尝试，不断从失败中汲取养分，是成功的必经之路。

当机遇来临的时候，如果我们犹豫，我们彷徨，只会让机会擦肩而过。不断地尝试，并且在失败中积累我们的才能，提高我们的素养和技能，弥补我们的不足，在下一次机遇来临的时候，我们就能把握住它了。

如果我们遇到了挫折能像爱迪生那样不屈服，成功的大门将会在我们的面前打开。就如拿破仑所说："在我们最困难的时候，就是离成功不远了。"

安徒生，这是一个熟悉的名字。他的一生写下不少世人喜爱的童话故事。然而在他的第一部童话问世时，有人知道他出身于贫苦家庭，就说他的作品"别字连篇，不懂方法，不懂修辞"。但是安徒生没有气馁，他从挫折中奋起，潜心写作，最后写出许多脍炙人口的童话作品。

意大利杰出的小提琴家帕格尼尼在监狱里自得其乐，用破旧的小提琴练琴和演奏；波兰伟大诗人密茨凯维支在牢房里构思诗作，在放逐途中创作了著名的《十四行诗集》。

人遭到挫折之后，把自己的情感和精力转移到有益的活动中去，从而将不良情绪导往比较崇高的方向，使其得到升华，这是最积极的办法。善于采取升华这种积极的方式，就能像贝多芬说的一样："通过苦难，走向欢乐。"

"失之东隅，收之桑榆"，在挫折面前，用理智来驾驭恶劣情绪。通过分析，如果发现原来的目标是无法实现的，可以放弃原有的目标，选择新的奋斗方向。比如，我国优秀田径运动员胡祖荣下肢瘫痪，不能在运动场上建立功绩，他便转向著书立说，编写了《身体训练1400例》和《撑竿跳高》两本书，同样为体育事业做出了贡献。

当我们看完了这几个事例，也许就会感觉到，其实失败和挫折也是可爱的，因为挫折的来临更像是机遇来临。

"天将降大任于是人也，必先苦其心志，劳其筋骨，空乏其身，行拂乱其所为，所以动心忍性，曾益其所不能。"因为挫折给了我们锻炼的机会，因为挫折给了我们动力，又因为挫折给了我们机遇。

挫折，更像是一把打开成功大门的钥匙。所以，当我们处于"欲渡横河水塞川，将登太行雪满山"的时候，就要像爱迪生、安徒生那样，从挫折中奋起，继续向前走。正如张海迪所说："命运要我一百次倒下，我也要一百零一次爬起来继续向前走"，这是21世纪的猛士。因此，我们要把握住挫折给我们带来的机遇，敢于正视而不回避，勇于承担责任，以积极的心态通过对失败前所做的事进行回顾与分析，在过程与细节中寻找问题所在，并设法找到失败后应该做什么来改变现状的方法。

失败中蕴含着机遇，它将是我们新的起点。一个人在工作和生活中会遇到各种障碍、困难，遭遇很多失败、痛苦。在挫折面前，有的人会出现暴怒、恐慌、悲哀、沮丧、退缩等不良情绪，影响了学习和工作，损害了身心健康。而有的人却笑对挫折，对环境的变化做出灵敏的反应，善于把不利条件化为有利条件，摆脱失败，走向成功。

面对苦难和挫折，你要抬起头来，笑对它，相信"这一切都会过去，今后会好起来的"。希望是不幸者的第二灵魂。向往美好的未来，是困难时最好的自我安慰。在多难而漫长的人生路上，我们需要一颗健康的心，需要绚烂的笑容。苦难是一所没人愿意上的大学，但从那里毕业的，都是强者。

十、让失败来完善自己

生活中的失败是不可避免的。同时，失败也让人们将自己看得更清楚，当你经历失败之后，或许你会变得更加强大。当你认识到这一点，就意味着你掌握了生存的能力。不经过逆境的考验，你永远不会真正了解你自己，不会体会到亲友的力量。这种领悟才是真正的财富，虽然来之不易，但是它比你在大学里获得的任何证书都有用。

要想完善自己得排除一个个障碍，那就是得克服"害怕失败"的心理。人生中，特别是二十几岁，刚走出校门，步入社会，有哪个人能做到不做错事情呢，但我们也不要因此就害怕做任何事情，我们必须做任何事情都要保持有弹性的心胸，看看它是否会有令人愉悦的结果，然后从中汲取经验，作为日后做出更大成功的参考。别忘了成功源于正确的判断，正确的判断源于经验，而经验又源于对失败的总结，从失败中不断完善自己。人生中那些看似错误或痛苦的经验确实是最宝贵的，一个人成功时容易得意，而失败时就会恐惧，我们必须用心地从所犯的错误中学习，让自己在错误中不断得到完善，而不是一味自责，否则日后仍然会重蹈覆辙。

有时候我们会发现一人独自在这条人生的河流上航行，此时我们不得不独自面对现实给我们的种种考验，这种种考验来得那么突然、那么急促，让我们没有回旋的余地。困境犹如船底水、云后风，伴随人生左右。困境于人，是痛苦，是挫折，但更是一种催人奋进的动力。每个人的命运中都可能会出现困境，是沮丧、绝望还是奋斗，却全由我们自己去把握。刘云霞就属于后者，别看她歌喉婉转清丽，容颜娇柔，当面对下岗时，她比男子汉更刚毅坚强，面对商海的风云起伏，她更善于从失败中找到自己，并完善自己。

初中毕业的刘云霞在某工厂工作。后来这家民办小厂越来越不景气，刘云霞下岗了，失业的痛苦对于初涉人世的她来说，仿佛是在风雨中迷路的孩子看不清前行的方向。她一次次地反省自己：能力欠缺、知识贫乏是自己再就业的障碍，为此她拟订了自学计划，开始一步一个脚印地学财会、公关、微机、汽车驾驶。

城市高楼大厦鳞次栉比，而与之相配套的运输业却没能跟上脚步。刘云霞看准这个市场空当，毅然拿出自己的积蓄并借钱买了辆旧货车跑运输，对男人来讲这都是一种极艰苦的工作，何况一个女人？凌晨三四点就得爬起来，晚上还得披星戴月。几年时间里，刘云霞的脸变黑了，但得到了回报，一辆车发展到了五辆，由建筑运输发展到粮食、蔬菜、旧货运输等多个方面。下岗后的刘云霞用坚强不屈的意志战胜了困境，积极地用知识武装了自己，靠学得的一技之长赢得了成功。

然而，回头来看刘云霞的事例，我们不得不说当初下岗对她来说是一个转折点。正是因为她失业了，她开始审视自己，反省自己，发现自己存在的不足，并一步一个脚印地去完善自己，最终取得了成功。

二十几岁，也许你还在为找不到工作而烦恼，也许你正处于困境中，也许你想为何自己总是没有机会。然而你若不能正视自己，不能提高自己并学得一技之长，不能及时去完善自己，如何能走上成功之路？刘云霞的奋斗历程实在值得我们深思。

人生难免遇到困境，难免会有挫折，很多人不能从阴影中走出来，这便影响你发挥能力，要有坚强的意志力去除阴暗的历史，笑对人生。在面对困境和难关时，不要在意别人的议论，而要总结自己、发现自己的不足，然后去改正、去提高。

善于总结，客观地看待造成挫折和失败的原因，不仅要从自己的角度去找原因，还要学会从不同的角度找原因，这个角度必须是积极的，才能抓住问题的关键。不能把原因归咎于外部的环境影响，或者是自己的粗心大意，要客观地找原因，才能找到解决的办法，了解自己的优点培养自信心。从另一种角度来说，只有经历失败，才能让我们更容易了解自己，知道自己的缺点在哪里，才能不惧人生的挑战，积极地表现自我。

这个世界上没有什么东西是完美无缺的，但是我们不能放弃对完美的追求。人在这个世界上诞生的时候，随之诞生的除了优点外，还有很多缺点。如果当你离开这个世界的时候，你还是继续带着这些优点和缺点离开这个世界，那么你拥有的只能是一个失败的人生。电视剧《士兵突击》中的主人公许三多从一个总是拖团队后腿、在很多人的眼里总是多余的人（正如他的名字），到最后成为全军的尖子，成为很多人的榜样，这种转变离不开他的执着，对人生真谛的把握和在失败中不断完善自己，在一次次失败中磨炼，在一个个成功中找回自信。

《士兵突击》这部电视剧中有许多经典的话："光荣是在于平淡，艰巨是在于漫长。"人就是这样，总觉得快乐和幸福是那样短暂和平淡，我们还没有感受它的时候就悄悄地溜走。坎坷和困难总是那样漫长地陪伴着我们，我们艰难地克服着一个又一个麻烦。总是希望快乐和幸福永远陪在我们的身边，让坎坷和困难远离我们，但是往往事违人愿，要克服那漫长的艰难，就要做到"不抛弃、不放弃"。这句话的根本就是坚持、坚守。黎明来临的时候是最黑暗的时候，是我们距离成功最近的时候，也是最艰难的时候，不管是爱情还是事业，"不抛弃、不放弃"或许最终不能成功，但是我们还拥有成功的机会，如果放弃了，那么等待我们的肯定就是失败。

坚守后即使是失败，但是我们努力了，也会无怨无悔。

我们每个人在自己的啼哭声中赤裸裸地来到这个世界，又在别人的哭泣中不带走世间的一点东西离开这个世界。生命就是这样短暂，我们还对这个世界留恋的时候可能就离开了，因此应该珍惜生命，享受人生这个短暂的过程，不能玩世不恭，做一天和尚撞一天钟，不能让日子一天天从身边悄悄地溜走，时刻准备着迎接挑战，我们不可能一直获得胜利，但是我们要在失败中获得成长。

"我在这儿已做了30年，"一位员工抱怨他没有升职，"我比你提拔的许多人多了20年的经验。"

"不对，"老板说，"你只有一年的经验，你从自己的错误中，没学到任何教训，你仍在犯你第一年刚做时的错误。"

不能从失败中学到教训是悲哀的！即使是一些小小的错误，你都应从其中学到些什么。

"我们浪费了太多的时间，"一位年轻的助手对爱迪生说，"我们已经试了2万次了，仍然没找到可以做白炽灯丝的物质！"

"不！"爱迪生回答道，"我们的工作已经有了重大的进展。至少我们已知道有2万种不能做白炽灯丝的东西。"

这种精神使得爱迪生终于找到了钨丝，发明了电灯，改变了历史。错误给我们带来的损失是否非常严重，往往不在于错误本身，而在于犯错人的态度。能从失败中获得教训的人，就能把错误的损失降至最低。

英国人索冉指出："失败不该成为颓丧的原因，应该成为新鲜的刺激。"唯一避免犯错的方法是什么事都不做,有些错误确实会造成严重的影响,所谓"一失足成千古恨,再回头已是百年身"。然而,"失败为成功之母",没有失败,没有挫折,就无法成就伟大的事。聪明人会从失败中学到教训,而失败者却常常是重复同样的错误,却不能从其中获得任何经验。

　　人生在世总得做些有意义的事情,其实基础就是我们不管受到什么样的打击都得好好活着,不一定非要干些轰轰烈烈、伟大的事情才有意义。命运不会让我们每个人都成为世界的焦点,不会让每个人都拥有更多的财富,不会让每个人都拥有让人仰慕的社会地位,不会让每个人都拥有让人敬畏的权力。命运给我们多数人更多的是平凡,平凡当你离开这个世界的时候除了亲人和朋友外,没有别人会知道你还曾在这个世界上生存过。做好属于自己的工作,照顾好家人和朋友,从点点滴滴做起,充实地过好每一天,好好活着,就会拥有一个平凡而有意义的人生。

　　"想到和得到,中间还有两个字,那就是要做到,只有做到了才能得到。"曾经也想到了很多美好的未来,也梦想得到事业的成功、爱情的丰收、幸福而又安逸的生活,但是实际却将这些美丽的梦永远地变成了梦。看到这句话明白,自己只是拥有四个字"想到、得到"而忘了两个最重要的字"做到"。对工作的敷衍了事,对爱情的急于求成,对生活的索然无趣,只是注重对结果的追求,而忘了只有付出才有回报,最终得到的是一个个失败。诚然,"做到"是一个艰难而又漫长的过程,来不得半点华丽无实和投机取巧。许三多的最终成功诠释了这点，踏踏实实做事，诚诚恳恳做人，"做到"才能得到，"做不到"也永远不可能得到。

"有容乃大，无欲则刚。"每个成功的人，总是对别人很宽容，对自己则很苛刻。"宰相肚中能撑船"，我们心中总是装着别人，对别人宽容忍让，能够多站在别人的角度考虑问题，拥有一个宽阔的胸襟，不自私自利。不仅要容人，还要容事。这样我们拥有的不只是更多的朋友，心中还拥有一片广阔的天地。

每个人在事业、爱情中不可能让成功都会眷恋自己，失败不可怕，可怕的是我们在失败中没有醒悟，没有学到什么，那么下次等待自己的还是失败。要善于用良好的心态面对失败，在失败中找到失败的原因，找出自己存在的缺点，然后改变自己，磨砺自己，完善自己。记住没有任何事物是完美的，但是不能放弃对完美的追求。

每当我们开始干一件事的时候，失败可能随时伴随着我们。如果害怕失败，那么我们可能就将一事无成。每一个做父母的都知道，孩子不摔几跤是学不会走和跑的，而当父母看到孩子在摔跤中学会了走和跑的时候，他们的心情是激动的。事实上，所有人都是这样长大的，你也不例外。

任何工作都是如此，只有在失败中才能真正学到本领。想长大成人，想超过别人，就必须记住："失败是成功之母！"

有这样一个故事：有一个步行的人，因为路不平而摔了一跤，他爬了起来，可是没走几步，一不小心又摔了一跤，于是他便趴在地上不再起来了。有人问他:"你怎么不爬起来继续走呢?"那个人说:"既然爬起来还会跌倒,我干吗还要起来,不如就这样趴着,就不会再被摔了。"这样的人,你一定认为他是一个可笑的人,因为他被摔怕了,不敢再起来继续往前走,那么他也就永远无法到达他的目的地。

我们见过一种叫作"不倒翁"的玩具,"不倒翁"的重心设计得很巧妙,无论你怎么推它、捅它,只要一松手,它立刻又会直立起来,因此,它永远都不会趴下。人生也是这样,由于不断地经受磨难,人才能变得更坚强。二十几岁的年龄,一定要知道从失败中学到的东西,远比从成功的经验中学到的东西要多得多。

失败的原因有很多,如果你的性格中有自大、自满等不良因素,那么你就应该努力改变它,因为这种性格因素都是极易引发失败的直接原因,而由这种性格因素引发的失败,将会让你损失惨重。人生99%都是失败,只有能够利用失败的人,才能获得成功。如果你想干一份新的工作,你最好准备用50%的时间去失败,因此,如果你害怕失败的话,那么就绝对不可能向新的工作发出挑战,就算是挑战了也必然会失败。关键在于你是否能利用失败,能不能在失败中有所收获。

可以肯定地说,没有人喜欢失败。因为失败大多是令人痛苦的,甚至是让你的人生受到重创的体验。然而,无论是什么人,一生顺利且从未尝过失败滋味的人,估计是不存在的。不管你有多伟大、多么不同凡响，只要你是一个人，只要你是一步一步地走着你的人生之路，那么你就或多或少地经历过失败，只不过是轻重程度不同而已。

当然，你也可以不承认这一点，你完全可以说自己从未失败过，因为你的人生之路非常顺畅，你从未遭受过任何打击与一点点的失败。但是我要告诉你，如果你没有经历过失败，那么我可以肯定地说，你的人生毫无意义，你的所谓成功也是一种虚幻。因为没有经历过失败的人生是枯燥的，是缺乏真实意义的，甚至说是不可能存在的。诚然，一般人几乎都讳言失败，甚至有些人更是谈失败而色变，其实，失败并不可耻，真正可耻的是不承认自己有过失败经历的人。因为在人生旅途上，失败是正常的，不失败才是不正常的，重要的是你面对失败的态度，是否能够反败为胜。如果你因为一时失败便一蹶不振，那么我可以说，不是失败打垮了你，而是你那颗失败的心把你自己打倒了。

"失败乃成功之母！"所有渴望成功的人，都必须做好随时迎接失败的准备。不付出代价的成功是不可能存在的，要想有所结果就必须付出勇气，这种勇气就是如何坦然面对失败的勇气。要知道，失败对于一个人来说，是一种非常重要的财富，如何珍惜这种失败的财富，将成为我们决定自己未来的先决条件。失败是金钱和时间的试验剂，如果不能充分利用这个试验剂的话，就无法变为成功者。无论什么样的失败，只要跌倒后又能马上爬起来，跌倒的教训就会成为有益的经验，帮助我们取得未来的成功。

所以，不愿意面对失败与不愿意承认失败同样不可取，人生最大的失败，就是永不失败和永不敢败。其实，如果我们能够把失败当成人生必修的功课之一，就会发现，几乎所有失败的经历，都会给你带来一些意想不到的益处，把失败当作人生成功的基础，这是我们最好的选择。

第二章
挑战失败的未知因素

失败从来不下通知书,它的出现有太多未知的因素,你很难把握它。但是,即使这样,你依旧可以挑战,以完善的应急方案和积极的心理承受能力去应对那些千变万化引导你走向失败的未知因素。

一、失败从不下通知书

50年前，有一个美国人叫卡纳利，家里经营着一家杂货店，生意一直不好。年轻的卡纳利告诉他的父母，既然经营了这么多年都没有成功，就应该换一个思路，想想别的办法。他的家附近有几所大学，学生经常出来吃快餐。卡纳利想，附近还没有人开一家比萨饼店，卖比萨饼肯定能行。他就在自家的杂货店对面开了一家比萨饼屋。他把比萨饼屋装修得精巧温馨，十分符合学生消费的特点。不到一年时间，卡纳利的比萨饼成为附近的名吃，每天都顾客爆满。他又开了两家分店，生意也很好。

卡纳利的胃口大了起来，他马不停蹄地在俄克拉荷马又开了两家分店。但是不久，坏消息传来，他的两家分店严重亏损。起初，他一家店准备500份，结果总有一半的比萨饼卖不出去。后来他又按200份准备，还是剩下很多。最后，他干脆只准备50份，这是一个连房租都不够的数字，仍然不行。最后，一天只有几个人光顾的。同样是卖比萨饼，两个城市同样有大学，为什么在俄克拉荷马就失败呢?不久他发现了问题，两个城市的学生在饮食习惯上存在着巨大差异，在装潢和配方上面他也有失误。他迅速改正，生意很快好起来。

在纽约，他也吃了苦头。他做了很细致的市场调查，但是比萨饼就是打不开市场，后来，他又发现，卖不动的原因是比萨饼的硬度不合纽约人的口味。他立即研究新配方，改变硬度，最后比萨饼成为纽约人早餐的必备食品。

从第一家比萨饼店算起，19年后卡纳利的比萨饼店遍布美国，共计3100家，总值3亿多美元。

卡纳利说，我每到一个城市开一家新店，十分之九是失败的，最后成功是因为失败后我从没有想过退缩，而是积极思考失败的原因，努力想新的办法。因为不能确定什么时候成功，你必须先学会失败。

人生也是如此，要想获得成功，首先须学会失败。只要持续不断地敲门，成功之门总会打开。

一个年轻人参加广州某公司应聘。"假如你手上抱有一个很重的东西，不巧的是，有人碰了你的手一下，手上的东西即将掉下去，而且已经来不及抢救了，你该怎么办？"人事主管问。"用剩余的力量将东西倒向没有人的地方。"这位年轻人不假思索地说。"如果四周都是人，怎么办？"主管继续问。年轻人略微沉思一会儿，接着说："倒向男人而不要倒向女人，倒向男人的次要部位，而不要倒向他们的要害部位。"这位主考官露出了满意的笑容，当场决定录用他。

不难看出，这位年轻人深谙为人处世的道理：即使是面临不可避免的失败，也要选择较好的方式。

当失败不可避免时，我们常人的做法是，要么马上放弃，不思进取；要么"破罐子破摔"，脚踩西瓜皮似的滑到哪里算哪里。反正都已经失败了，何必再枉费心机呢？遭遇失败时，人们常常怨天尤人、自暴自弃，可事后回过头来再一看，常常是后悔不已。就算是失败，假如当时不放弃，再努力一把，也不至于败得这样惨，输得这么重。人们常常这样仰天长叹，可是木已成舟，再也无法去改变了，留下的则是无穷无尽的遗憾和失落，这一切都是缘于不尽力造成的结果啊！

一位很有名气的心理学教师，一天给学生上课时拿出一只十分精美的咖啡杯，当学生们正在赞美这个杯子的独特造型时，教师装着失手的样子，咖啡杯掉在水泥地上成了碎片，学生中发出了惋惜声。教师指着咖啡杯的碎片说："你们一定对这个杯子感到惋惜，可是这种惋惜也无法使咖啡杯再恢复原形。今后在你们生活中发生了无可挽回的事时，请记住这个破碎的咖啡杯。"

这是一堂很成功的素质教育课。荷兰阿姆斯特丹有一座十五世纪的教堂遗迹，有这样一句让人过目不忘的题词："事必如此，别无选择。"

命运中总是充满了不可捉摸的变数，如果它给我们带来了快乐，当然是很好的，我们也很容易接受。但事情却往往并非如此，有时，它带给我们的会是可怕的灾难，这时如果我们不能学会接受它，让灾难主宰了我们的心灵，那么生活就会永远失去阳光。

每个人迟早都要学会这个道理，那就是我们只有接受不可改变的事实。事必如此，别无选择，这并非容易的事情。即使贵为一国之君也不能不常提醒自己。英王乔治五世在白金汉宫的图书室里就挂着这样一句话："请教导我不要凭空妄想，或做无谓的怨叹。"

哲学家叔本华曾表达过相同的想法："逆来顺受是人生的必修课程。"显然，环境不能决定我们是否快乐，我们对事情的反应反而决定了我们的心情。只要我们都能渡过灾难与悲剧，并且战胜它。也许我们察觉不到，但是我们内心都有更强大的力量帮助我们渡过它。我们都比自己想得更坚强。

所以，即使是失败，也要保持乐观的情绪、积极的心态，只有尽了最大的努力，才有可能把失败造成的影响降到最低点。只有在失败中求新的成功，失去的才是最少的，这样的人生才是最精彩的。

尽管失败是不可避免的，但并非人人都会失望，对于不断努力谋求成功，但遭到一个又一个失败的人来说，最大的挑战就是如何克服失望。尽管人人都会失败——因为失败是不可避免的——但并非人人都会失望。所谓失败，包括未能达到的目标，或任务没有完成，这些都是外在的。相反，失望是一种内心的态度，是可以控制的，也是内在的。

每个人的生活中都曾播下失望的种子。问题是，我们怎样处理这些种子呢？给它浇水施肥，是肥草丛生，最终使我们自己窒息而死呢？还是给这些野草断水，使它们不能生长，不能伤害我们呢？

没有什么比机会不再来这种想法更令人失望的了。失去机会导致失去希望，而失去希望必令人灰心丧气。机会总是来时显得小，去时显得大。换言之,许多人很容易看到一个失掉的机会,要他们看到一个还未到来的机会却难得多。当你很容易看到失掉的机会而看不到即将到来的机会时,你很可能会灰心。但有个消息:无论你现在看见与否,地平线上永远有新的机会。

不管怎样,你应该明白,所有成功人士的成功都不是一蹴而就的。那是他们不断努力、持之以恒的结果。你一旦有了这个发现,就不会因为没有在一夜之间取得成功而灰心失望。

兵书云:"胜败乃兵家常事。"纵观古今中外,我们很难找出一位名副其实的"常胜将军"。所谓"百战百胜",只不过是一句带有夸张色彩的形容词而已。而所谓"天才",也只不过是对那些历经坎坷却坚持不懈的成功人士的赞誉之词。

1980年,曾出现两条轰动一时的新闻:一是号称"拳王"的阿里败北,二是号称"棋王"的胡荣华输给新手。

早在1960年,18岁的穆罕默德·阿里夺得世界轻量级拳击冠军,一举成名。之后,他又在世界重量级拳击比赛中,一举夺魁,多年来一直稳居宝座,成为誉满全球的"拳王"。然而在1980年年底,他失去"拳王"桂冠,因败北而再次震惊了拳坛。

胡荣华雄踞中国棋坛达20年,曾多次蝉联中国象棋全国冠军,各地选手都纷纷效仿、研究胡荣华的棋路,还把他历年来与各地选手对局棋谱编印成专集,以供参考。也正是这样,胡荣华成为众选手征服的对象。"智者千虑,必有一失",1980年八九月间在四川东山举行的全国象棋比赛中,胡荣华仅落得甲组第十名!从此"棋王"也消失了。紧接着，胡荣华在《新体育》《羊城晚报》举办的全国冠军象棋赛中，又遭败北。

看着阿里和胡荣华两人的遭遇，有人惋惜，有人感叹，还有人断言他们将从此一蹶不振。实际上，两个人虽然失败，但是他们曾在20年内保持冠军，仍不失为体坛和棋坛上的一代雄才。有赢就有输，胜负本身就是成对出现的，所以冠军的一时落马也属于正常现象，无须大惊小怪。

成功与失败之间，也许仅隔一步之遥，但事实本身就是那么残酷，它不容你解释，更不容你狡辩。这就需要你正确地去看待失败，以一种坦然的心态去看待成功与失败，这样成败之间的转化也就是很自然的事了，正所谓"胜不骄，败不馁"。我们每一个人都要经历成功与失败的严峻考验，要做到"戒骄、戒躁、戒弃、戒馁"很重要。日本著名的围棋手吴清源的成功经历，值得我们参考和借鉴。

吴清源是日本棋坛的一位高手，曾多次登上棋坛霸主的宝座，可有一次竟败给了新手坂田。吴清源过后寻找失败的原因，发现自己参战时的心态与对手相反。他是为了保住名誉而战，处于被动应战地位，十分担心被新人打败。而坂田刚刚出道，不曾像吴清源那样获得过无数嘉奖和荣誉，因此只是全身心投入，并不患得患失，结果就在这种沉着、冷静、轻松的状态下打败了吴清源。

这件事对吴清源的触动很大。从此，他开始调整状态，以一个普通棋手的心态向坂田"挑战"，这次果真转败为胜。

后来，有位新手与吴清源对弈，吴清源看出新手战战兢兢，十分紧张，就给他讲了一个故事：有这样一座山庙，里面住着老和尚和小和尚。小和尚到山下买油，端着油碗上山时，生怕油洒出来，双眼盯着油碗小心翼翼地走。到了庙里时，油还是洒了一半。老和尚笑着告诉小和尚，走路时别把注意力放在油碗上，像平常一样放松就行了。小和尚照办，结果一滴油都没洒出去。

新手听懂了故事的含义，放松心情，轻装上阵，坦然面对吴清源的攻击，没想到这个新手竟然胜了这位棋坛宿将。

吴清源的故事不仅说明胜败乃兵家常事，还告诉我们：要想取得最后的胜利，既不能过于保守，被动地接受挑战；也不能畏惧挑战、徘徊不前，要积极面对、沉着冷静、放松心态，别把结果看得太重要。

年轻人都有远大的理想抱负，都希望有一天能够出人头地。但是，现实生活中往往事与愿违，难免会碰到各种各样的挫折和失败。世界上没有专门为我们建造好的乐园，人生道路上也不全是用鲜花铺就的，那么，我们又有什么理由去埋怨命运的不公和生活的坎坷呢？

人生就像一条奔腾不息的河流，只有遇到礁石才会溅起美丽的浪花。步入社会后，只要你有所追求，失败总会伴随着你，成为你人生中最深刻的体验。不过每一次失败对我们来说，都是一次考验，失败的结果可能导致一个人丧失斗志，也可能让一个人奋发图强。

著名的科学家钱学森说:"没有大量错误做台阶,也就登不上最后正确结果的宝座。"那些失败了不气馁又振作精神从头再来的失败者,比那些轻而易举获得成功的人更值得尊敬。

挫折和失败不以我们的意志为转移,所以我们要冷静地面对它。人生中的成败一般都是有规律的,往往是这样:成果未就,先尝其苦;壮志未酬,先遭其败。可以说,一个人所追求的目标越高,越是好强上进,就越容易体验到挫折感。

挫折对人而言,有利也有弊。于利而言,它能激发一个人的潜能和斗志,增强他的韧性和承受能力;于弊而言,它会造成心理上的伤痕和行为上的偏差,甚至有可能造成成长环节上的缺陷。

一个坚强的人,他会常常告诫自己,人生没有一帆风顺的旅途,接受挑战是一种乐趣!

巴尔扎克也说:"挫折和不幸,是天才的晋身之阶,信徒的洗礼之水,能人的无价之宝,弱者的无底深渊。"

是的,小树苗不经历狂风暴雨,长不成参天大树;薄铁片不经过千锤百炼,成不了坚硬的钢材。命运是一个伟大的雕塑家,它有时会举起铁锤在你身上敲打,这虽然会使你痛苦,但同时也会让你坚强。痛苦像一把刀,它有时会割破你的身体,让你流下热血和眼泪,但同时也会开掘出你生命中的新的水源。

朋友,如果说你的身体是一把披荆斩棘的"刀",那么挫折就是一块不可缺少的"磨刀石",为了使青春的"刀"更加锋利，请你勇敢地面对挫折和失败的磨砺吧！莫因暂时的失败和挫折而长吁短叹，莫因路途坎坷而灰心丧气，莫因厄运降临而意志消沉。诅咒和泪水于事无补，只有拼搏的火种才能燃起希望之光！

二、失败的征兆藏得很深

每个人心中都有自我毁灭的种子，如任其滋长，只能带来不幸。然而，失败的征兆往往藏得很深，你虽察觉到自己性格中有失败的蛛丝马迹，却并不重视。但是，恰恰是这些看似无伤大雅的蛛丝马迹，正在让你失去成功的机遇，阻碍你发掘真正的潜能。

汽车出了毛病，只有等机械师诊断出故障在哪儿之后，才能开始修理。要是你病了，也只有等医生确诊你得了什么病之后，才能开始治疗。不过，要是你竭力掩藏，也许一生就会是一场失败，没人能够帮助你。如果你隐瞒失败，就算是无意之举，你也是在欺骗自己，在逃避现实！

我们都见过小孩子为了引起别人的注意，不遗余力又打又闹、又吵又叫。我们年轻时，也曾奋力争取展示自己的蓬勃朝气，好像久病初愈的人感觉到血管里又涌起力量的大潮。任何一个在不幸境遇中生活的普通人，都会适应贫困、压抑、羞辱，甚至是更加悲惨的打击。也许这些境遇让旁观者看起来生不如死，不幸的人们却唯有依靠意志的力量咬牙挺住，在恶劣的困境里坚韧不拔，紧紧抓住生存的机会。

更进一步说，成长的经历逐渐让我们认识到自我意识在内心的增长。从孩提到少年，从少年到中年，每到一个紧要关头，我们都会发现旧的经历、活动、兴趣终将被新的经历、活动、兴趣所替代。大自然为我们设计的新角色做好了安排，实际上，它是让我们适应新的要求。于是它让新的东西带给我们欢乐，好让我们彻底放弃旧的东西。

现在，如果惰性、胆怯、消极、停滞，或者病痛、劳累，并未让我们精神萎靡、身体残疾，我们仍依旧充满活力，那么我们就没有任何理由攻击这种"失败感"，把它当作死对头。不过，在中青年时期，灾难从天而降，或者麻烦不期而至，使我们的身体不适，使我们的精神昏聩不堪，那么我们就要注意了，"失败感"会使我们无法激发内心的活力，无法增长自己的智慧。

如果"失败"像大棒打来，我们自然能够识别，奋起抗争。可是如果我们在失败的迷雾中放松了警惕，防备不了袭来的暗箭，那么我们就会发现以前运筹帷幄、无往而不胜的局面已经荡然无存。我们和失败的斗争仿佛与《堂吉诃德》中的骑士苦战风车一样：失败、挫伤、懦弱，但却依然一往无前。

年轻时，我们很少意识到自己失败的症状。我们蛮不情愿地为成功奋斗，认为这才是超然世外的洒脱；而当岁月流逝，我们仍然懒洋洋地对待一切。

可是当我们从怠惰之中如梦方醒，这才发现，晶莹剔透、鲜嫩欲滴的年轻时代一去不返，而那份洒脱已经变了味儿。也许我们还会从家庭的负担中找到借口：啊，是家务琐事的忙碌操劳使本该开始的激情创业化为泡影。这样那样的孤独与无助，让我们迈不开脚步。当我们儿孙满堂、年华老去时，重拾早已抛弃的蓝图，才觉得惴惴不安，无法释怀。

对于那些我们本来该做而却没有做的事情，我们永远能找到最好的借口。我们大多数人还在"生存需求"的逼迫之中：是选择工作还是选择挨饿？是享受自己的爱好还是为生活而奔波？再加上结婚生育的考虑，"生存需求"就更加急迫。也许为了成功的那一天，我们自己能过上几年面黄肌瘦的日子，承担痛苦，然而再要想拉别人下水，除非我们极端自私，否则怎么有勇气说出口！

为了生存的需求，我们不得不去找第一份工作。这足以解释为什么很少有人能够把自己的宏伟蓝图付诸实践，使之开花结果。经常是刚开始，我们还能下定决心，咬紧牙关，锁定目标。尽管我们不得不为生活而赚钱，但对自己的雄心抱负的确能充满执着。我们没日没夜地拼命工作，起早贪黑，周末加班，放弃休假等。可是这种朝九晚五的工作既熬心费神，又刻板无聊，还要求以超人的体力和精神投入其中。当整个世界都在沉睡，天地间唯我独醒，工作也一刻不停。明知就算坚持也看不到成功的迹象，我们也必须无怨无悔，踽踽独行。于是一切就悄无声息地滑入了失败感的旋涡，虽然我们还是不断前行，但却不知道自己在一路下滑。

大多数人在公众面前竭力隐藏自己的失败，最"成功"处是我们总是陶醉在自我欺骗的谎言之中却茫然无知。不可否认，我们做得比我们能做的和应该做的要少得多，而我们的计划，哪怕是最谦虚的计划、最谨慎的蓝图，我们几乎都没有做到：曾经想在某个年龄段之前一定要完成的事情，根本连干都没有干。自欺欺人的原因非常简单，在生活的道路上，我们已经心照不宣地和朋友、同别人形成了君子协定：别说我的失败。放心，我也决不泄露你的失败。

这种自欺欺人的安静在初期还不太明显，不过随着时光飞逝，这份安静的虚假便暴露无遗。我们挂着惨淡的微笑，不得不承认自己的要求太高、太绚丽、太理想化，尤其是我们期望达到的业绩太高不可攀。五十岁上下，也许更早，我们会说上一些漫不经心、风趣幽默的抱怨，那可一点坏处也没有，毕竟同辈人能有几个敢跳出来说："你干吗还不成功？"别忘了世界上一些最伟大的著作、许多不朽的经典，都是经历了人生的黄金时代以后才写成的。

于是，我们随波逐流，没有任何贡献，也没有意识到我们应该主动做些什么，更没有运用自己最杰出的才能，不论这些能力是先天具有还是后天获得。如果我们只想过得舒服一些，获得人们的尊重和羡慕，还有一点权威及一些爱戴，那么我们与"失败"还做了一笔不错的交易。我们甚至多少还以自己这般精明而自豪，浑然不觉自己好像让人好好涮了一把。我们向失败妥协，与成功失之交臂。

有时，我们会好了伤疤忘了疼。这样的疑问一闪而过，不久就淡忘了，甚至我们连提都不愿提起。有时，我们无比清醒，知道如果接着玩这种可怕的游戏，无疑会陷入一场噩梦之中。那么，如何从梦中醒来努力回到现实，就成为我们亟待解决的问题。有时，在这噩梦之中，我们试了一次又一次，希望获得自由，但是却发现自己又陷入了恶性循环，无法自拔。

即使我们承认的确存在失败的可能，也还是会逃避。于是，我们又一次成了失败的牺牲品。

如果失败感说"我来了"，如果它的症状像麻疹或重感冒那样有显著的标志，可以毫不费力地识别的话，那么对我们来说也许很容易战胜和祛除它，或者研制出克敌制胜的法宝对付它。

不幸的是，"失败感"的症状既多种多样，又难以识别。想象一下，假如你要把一个整日沉湎于享乐的花花公子从饭馆、舞会、剧场中拽出来，把他介绍给一个不修边幅、脾气暴躁，在阳光下梦游的哲学家，并说："嘿，你们俩认识认识，看看你们是多么相像。"结果人家一定会以为你疯了。但是你的确是对的，从世俗的角度来说，那样一个沉浸在内心世界的内向型人和那样一个沉溺于花天酒地的外向型人正好是两个极端。他们有着相同的冲动，可潜意识中，他们两个人都在品尝着失败。

他们的生活有一个共同的准则：好像生命还有1000年。马尔科斯·奥瑞伊斯以这样的格言来激励自己：别以为自己还有1000年。那些被"失败"紧紧抓着不放的人总觉得自己还有1000年好活，不论是梦想还是跳舞，他们都在浪费宝贵的时间，仿佛时间取之不尽，用之不竭。

失败的方法多得像心理学的分支，以至于不论是在别人身上还是在自己身上，我们都意识不到"失败感"的存在。在数不清的方法中，至少有几种可以让你觉得好像有1000年的日子好活。

失败钟爱的人还有酒鬼，写他们的书已经太多太多。醉酒让醒着的人也如同沉睡，甚至睡得更深，直至达到醉生梦死的境界，所以，他们的失败显而易见。可惜的是，成百上千的人却忽视了自己这样的症状。根本没有人注意的是，醉酒之后醒来一定非常难受，不仅身体不适，而且精神萎靡，思维混乱，直到酒劲过去才能恢复清醒。人们依赖酒精也许是因为孤独无聊，也许是因为愁绪纠缠。不管为什么醉酒，起因不是关键，借口只能使你成为酒精的俘虏，和酒鬼没什么两样，丝毫也逃脱不了人们的责难。

让我们再来看看外向型的人。我们看到的例子中，他们赶着看电影，赶着上戏院，赶着去参加舞会；要是今天没吃上茶点，没有参加酒会，那可是白活了……不，不，我的意思当然不是杜绝娱乐，禁止休息。但是休息、娱乐应该放在有意义、有价值的活动之后。我说这些，有些人肯定早就气急败坏地大声反对：我们要娱乐，我们要休息！那些人用荒谬怪诞的价值观追求失败，用各种方法尝试失败，把自己彻头彻尾地浪费掉。

接下来还有一半对一半错的失败，很难把他们归类。这一类人里包括绣花、织毛衣的。尽管我们必须承认，这种活动锻炼了灵巧的双手，也许还可以想想心事。但是我们得认真想想：这种重复性的机械活动是不是有意义？织了毛线，绣了花，究竟要干什么？对于精神恍惚、无所事事的人，也许有点价值，因为这活儿需要耐心和专心。但是我认为这种工作缺乏创造性，在机械地重复中耗费时间。

至于那些吹嘘得天花乱坠而又漫无目的的人，我们很容易就把别人归到这一类而忘掉自己。有的时候我们多少还能意识到，一连几天，同样的趣闻已对同样的朋友讲了多少遍。这当然算不上什么大错，就算朋友听腻了，脸上再也挤不出笑容来，也丝毫挡不住我们的热情。我们把陈腐无味的话题嚼了又嚼，把索然无趣的观点谈了又谈，把相同场景下的发现反复回顾，对众所周知的悲剧表示了一成不变的愤怒，对自己的观点运用着雷同的论证，也许还会加点不温不火的小辩论给那已经退化成偏见的论点找个依据。

有的人刻意装饰的话语简直太矫揉造作，以至于听者会愤而反驳。不过得到这种回应，还算走运。有的人语言特别枯燥乏味，让人已经麻木不仁："噢，我说""当然了""我能想象""明白了""事实上"……相反，另一类人遇到芝麻大点的麻烦，就歇斯底里地发作，一看就知道这人的脑子不对劲。还有一些人的症状不易察觉，因为他们经常对不同的听众重复同样的故事，不过这样的人为数不多。

为了让自己相信我们已经实现了最完美的自我，我们企图蒙骗整个世界。尤其当我们的生活里充斥了成百上千件小事，或者是枯燥乏味的重大项目时，我们再也不肯多干一点。然而我们真的是忙得不可开交，一点精力也没有了吗？难道说整日埋头苦干，泡在枯燥无聊、毫无价值的工作中就是我们的责任吗？这些问题只能使每个人扪心自问，也许要经过失眠的夜晚，也许要经过心理康复，让原本早已塞满琐事的大脑停下来，好好思考一番。日子久了，别人如何被自己聪明的小把戏欺骗已不再重要，我们自己已整装待发，向着最应该做的事情去努力。虽然我们不是让自己把对世界的贡献作为包袱扛在肩上，但是至少也应该认真思考这个问题。如果不肯面对现实，我们的幸福就无法开花结果，生活的不幸反而会日积月累，随着岁月流逝而积重难返。

浪费光阴，虚度年华，以及那些如奴隶般苦干的人，都是在欺骗自己，因为他们没有时间去怀疑失败。他们要么是狂欢，要么是忧虑，要么毫不掩饰沮丧的样子，要么积累毫无意义的琐事、无聊的情感、短暂的热情，把这些垃圾都堆积在生命时光无比珍贵的金库里。

三、过程承载着失败的终点

人们都知道，爱因斯坦一生中有许多重大发现。但又有多少人知道他经历过多少艰难挫折以致失败呢？他小时候曾经被人们认为是笨小孩。后来，在很长时间里也没有人发现他身上有天才的影子。他是经历了数不清的挫折和失败之后才成为大科学家的。他为什么成功？因为他微笑着把失败当作成功的"垫脚石"。有了这样的心态，我们就应该享受失败，感谢失败，树立信心，迎接成功。

失败了，你要学会微笑着面对它。面对失败，微笑着面对它，微笑的力量可以战胜一切。假设，两个妇人在街上吵架，妇人A开始破口大骂，妇人B只是微笑着站着，只是偶尔说几句。你认为谁对？妇人B。为什么？因为她微笑。围观的人多起来。20分钟后，人们纷纷议论起来，都说："妇人A没有道德，没有修养，素质差。妇人B教养好，有修养。"结果，妇人A红着脸退出了人群。其实不然，在整件事中妇人A是对的。微笑的力量就是这样。当然，这只是说说而言，不赞同用于现实生活中。还有一个真实的事例：一位英国著名的学者，他的文章很受读者欢迎，当然也有人反对。一天，他在公园散步恰巧遇到了一位反对他的同行，那个人高傲地抬着头大声地说："我从不给傻子让路。"这位学者听后给那个人深鞠一躬，让到小路的一旁，微笑着说："而我却恰恰相反。"结果，那个人飞快地离开了公园。这就是微笑，睿智和理智的微笑。

失败是生命中最基本的滋味，害怕失败的人是软弱的。失败没有什么可怕，真正可怕的是我们对失败缺乏承受的勇气。让我们面对失败坦然地微笑吧！

当然，我们经受失败之后不会一无所得，从失败中体会到生命中最本质的东西。失败让我们在感受人生的艰难和曲折的同时，也领略了它的悲壮。而且，失败和成功也是相对的，没有经受过失败的人，也难享受到真正的成功的快乐。人生之路其实也就是一个失败与成功交替的过程。我们应该从失败中、从成功中、从生活中体会出人生的哲理。我们应该在工作上或学习上找到自己的起点，去追求、去探索、去拼搏、去奋斗，走上自己特色的光辉灿烂的人生之路。

一位乒乓球运动员沮丧地回到家中，父亲问他："怎么啦？是输了，还是没有赢？""那又有什么区别吗？"他说。父亲说："区别可大了！输了就等于永远输了，那才是真正输了。如果拿出战斗的勇气，就不是真正输了。你是属于哪一种呢？"乒乓球运动员坚决地说："我下次一定会努力的！"果然在下次的比赛中，他一举夺冠。

每个人的人生经历不尽相同，但究其结果，他们或是成功，或是失败。一次次成败形成一个个片段，连在一起便成为完整的人生。璀璨的人生也不可能只有一种单调的经历。长久不遇成功固然非人所愿，但若未尝过失败的滋味，又如何能感觉到成功的甘美？

甘甜的成功浆果，在尚未成熟之前，通常是苦酸青涩的。失败，是人类所最不愿结交、最为严厉冷酷的一位良师益友。理解它的人会说，失败很重要，因为它是成功的前提。不理解的人会说，为什么我总是失败？失败会是身边的灾星。有些失败，看似偶然意外，实则是种客观必然；有些烦恼是自己寻来的，有些失败也是人们自己找上门，主动揽到自己头上来的，过高地追求目标，过高地设定期望值，脱离客观实际的计划、理想，必然会遭到惨败，而且败得一塌糊涂！

人的一生，必定要亲身经历多次失败，必定要经常品尝失败的苦酒，必定要时常抚摸失败创伤的心灵疤痕。没有经历过失败的一生，是不完整的一生，是不成熟的一生。失败，是一笔万金难求的精神财富，一旦拥有，终生享用。拥有诸多的失败经历，便成为拥有诸多精神财富的富翁，这是汉笔世界上最为昂贵，用金钱无法购得、无法衡量的宝贵财富！

"发明大王"爱迪生的一生是辉煌的，他发明了很多东西。在探索的路上，一个人多次遭受失败是不足为怪的，但两次掉进同一个陷阱里则是愚蠢的。失败应该只发生一次，不能二次、三次、屡次，失败一次，即要升华一次，才不枉失败一场。从失败中学习，在失败中站立。生活是踏着失败前进的！如果没有爱迪生1600多次的失败，怎么会有电灯问世？人类现在可能还处于一片漆黑之中。

没有经历过失败的人生是不正常的人生。或者会遇到更大、更深刻的失败，或者一事无成，或者自始至终就生活在失败的圈子里。失败是一个怪圈。它怪就怪在，有的人经历失败后，比过去更加聪明、更加理智、更加完善、更理解其中滋味了；有的人经历失败后，比过去更加沉沦、更加混沌、更缺少自知之明、更走不出自己了。失败是人生路上的另一道风景、另一种财富，追求事业成功的过程往往伴随着失败。没有彻底品尝过失败的辛酸，便不能真正体会出成功的喜悦！

每个人在他的一生中都会或多或少遭遇这样或那样的挫折和磨难，但遭遇磨难对一个人来说并非坏事，因为经历本身就是一种财富。在失败的过程中成长，走的路越多，经历得越多，成功也就离你越近。就像哲人爱默生说的那样："一心向着自己的目标前进的人，整个世界都会给他让路。"

常言道："失败乃成功之母。"但真正面对挫折而善待它却不容易。比如这次的期末考试，有人欢喜有人愁。或许旁人见了，心里会想，考好的人就一定是满面春风，而名落孙山者正愁眉苦脸地想怎么回去向父母交代。事实上，考试受挫者更应该信心百倍地激发学习的斗志。

当面对试卷上的错误时，是否真的想不起？是不是粗枝大叶做错了？这些都是我们应该反思的。有些同学在考差后往往想到的是回家后的"血雨腥风"，而忽略了应该重视的地方，为什么我会错？我是否应该错呢？这些问题是比结果更重要的。在学习中，反思失败是百利无一害的，反复思量错误关键，从而发现下一次正确的方法，从错误中吸取教训，积累成功的经验，那么，下一次再犯错误的概率就会大大减少，这样一来，这个错误不就可以改掉了吗？所以，当我考试失利时，我不会怨天尤人，咒骂自己浪费时间。

从学习方面来看，一两次的错误是成功的财富。因为世界上没有不失败就一步登天取得成功的说法。居里夫人发现镭，难道不是经历千千万万次的失败才发现的吗？诺贝尔发明炸药难道不是无数次失败而制造出来的吗？学习也是一个取得成功的过程，走向成功的道路充满了荆棘，我们要学会自我疗伤，丰富经验，不能因为一时的失误或不小心遭到了挫折就一蹶不振。如果居里夫人失败就放弃了，会有镭的发现吗？如果诺贝尔因为受挫而停止研发，会有炸药的诞生吗？所以，一定要勇敢抬头迎接失败，而且要越挫越勇，永不放弃。

1975年"诺贝尔生理和医学奖"获得者巴尔的摩就非常赞赏不畏失败的硅谷精神，他说："你永远不要相信没有失败过的人。一般都认为失败是不好的事情，但我们认为失败是一个学习的过程，失败是成功之母。在所有的事上都知道正确的答案在人生中并不是最重要的事情。"

失败是一个学习的过程，是一个磨炼人意志的过程，提升人的精神的过程。所以，要善待失败，不断反思，向成功不断迈进。

四、失败的应急方案不可少

生活中，人人都希望幸福之神总是眷顾自己，人人都幻想厄运中一定会出现奇迹。殊不知，人生就像大海里的船舶，既有乘风破浪、急驰而进的时候，也有遭遇暗礁险滩、停滞不前的时候。如果因为遭遇了磨难而怨天尤人，如果因为遭遇了挫折而自暴自弃，如果因为面临逆境而放弃了追求，如果因为受了伤害就一蹶不振，那就大错特错了。只要你追求，只要你去做事，就不会一帆风顺，就难免会有风险、有困难、有挫折。大海里没有不受伤的船，人世间也没有一帆风顺的人生。所以，我们要为失败做准备，要直面失败，要学会从容应对失败，才能战胜失败，获得成功。

人应当为胜利做努力，也得为失败做准备，自恃武力强大的美国大兵是最善于为失败做准备的人了。

根据报载，在美伊战争中，伊拉克总统萨达姆扬言，他已摆好了城市游击巷战的阵势恭迎美国大兵！在摩加迪吃过巷战苦头的美军不敢掉以轻心，他们在苦练怎么打胜仗的同时，在苦练打败仗后如何当俘虏。

战俘训练课程的名称是"超压力灌输"，包括四大科目：野外生存、积极抵抗、躲藏脱逃、保命要紧。

"野外生存"就是让学员学会在没有水，没有粮食，又处于敌对环境下如何生存。在训练中，教官们当着学员的面大嚼一些奇形怪状的虫子，尽管一些学员恶心得直吐，但最终还是把这些令人恶心的虫子当"麦当劳""肯德基"来吃。"积极抵抗"就是不能束手就擒，要学会保护自己，消灭敌人。"躲藏脱逃"就是教你躲过敌人的搜捕。为使训练逼真，学员们得赤手空拳跟那些全副武装的教官在丛林中周旋，常常连续几天吃不上食物、喝不上水。如果逃不脱就沦为俘虏被关进战俘营里，在模拟的战俘营里，扮演看守的教官穿着伊拉克军装，操着阿拉伯语对俘虏拳打脚踢、电击、灌水、不准睡觉。由于过于逼真，以致一些学员精神恍惚，觉得自己

真是俘虏，有的学员体重下降了15磅！

　　成功的方案就一定能成功吗？答案可不一定。因为一心想成功的人，对任何事情是不会往失败的方面考虑的，而没有失败准备的人，往往是最容易失败的人。三国时期的孟达，此人一辈子制订的方案全部是成功的方案，因而"朝秦暮楚"是经常性的了，结果却屡屡失败。此人论才可与曹丕吟诗作赋，论武能一箭射死徐晃，论智慧能审时度势快速更换门庭。但为什么他却没有成功呢？一个重要的原因就是在孟达的字典里只有成功的打算，从来没有失败的准备。

　　我们羡慕一些成功者成功后的津津乐道，可是否想过他制订成功方案时的"如履薄冰"，有的国有企业为追求效应，结果国有资产大量流失；因为这些企业的任何方案中如果有"失败"的可能，这种方案是不可能被批准的，但就是"全部是成功的方案"却造就了这些企业的失败。

　　企业如此，个人也是如此。孟达的"朝秦暮楚"实际是自己成功的打算，可结果没有一次达到了目的，因为"只有成功打算"必然会引出失败的结果。

　　今天，我们很多人对自己的前程确定了"辉煌"的未来，结果郁闷总是伴随自己，有的还走到了人生的极端。

　　这不是一个目标的高低定位问题，而是一个观念更新的问题；把失败作为战略的内容，是为了更好地成功。

　　所以不要总相信别人"夸夸其谈"的成功介绍，多听听失败者的倾诉也是积累成功经验。

当自己有失败的准备，并且有挑战目标的勇气和实现目标的智慧，你能说："成功离你还会远吗？"工作难找，创业太苦。毕业了，大学生如何定位自己的人生之路？日前，在浙江大学经济学院MBA高级研修班上，资深咨询师赵建华讲了几个生动的例子，对正在求职、正准备创业的大学生们很有指导意义。

赵建华曾经到多所大学校园里做演讲，与很多大学生交流的过程中，他发现一个现象——很多毕业生找工作时总是在考虑：我要去北方发展，因为我女朋友在北方；我要去这公司而不去那公司，因为据说这公司比那公司工资高；我们班有人去了那家公司，他都去了，我不能去吗……

赵建华认为，这些想法从一开始就错了。让自己的职业发展、人生轨迹取决于一些外在的东西，可是这些东西真的很重要吗？你内心想要的究竟是什么呢？你内心的追求，毕业之前就应该认真思考清楚，毕业之后就应该付诸实施，你就可以瞄准目标坚定不移地前进——虽然走的不一定是直线，但总是向那个目标在走。

赵建华说，自己当年八次考大学失败，第九次终于考上了大学，学音乐。大学二年级，他发现自己没有学音乐的天赋，于是千方百计转学，进了心理系，从此走上了咨询的道路，开始"顺风顺水"。"人就怕定位不准确，一旦定好位，就离成功不远了。"赵建华说，如果自己当年定位为音乐家，那么现在说不定只是"北漂"大军中的一员。

"创业是一件残酷的事情，1%的成功者是从99%的失败者身上跨过去的。不成功的原因可能并不是因为创业者不够聪明、不够优秀，而只是运气不好，时机不对。"赵建华说古人说，"未思进，先思退"，创业过程尤其是这样。创业之初首先要对失败有思想准备，对困难有提前认知，怎么估计都不嫌保守。这样，遇到苦难和挫折时就不会那么难以接受。"一个企业家经过十年才能获得成功，你有没有决心比他更苦，甚至苦过十年后还是不能成功？"

在创业过程中，可能会有很多人嘲笑你，或者看到别人做得比你好，或者产品没有按时开发出来……"你会遇到许多问题，让你感觉创业就是自我折磨。如果创业冲动仅仅来自看到别人的企业上市了，卖掉变现了，那么我劝你千万不要创业。"赵建华说，这些动机都不足以支撑一个人坚持到底。

二十多个外国游客去西班牙旅游，他们在当地一家餐厅吃饭时，被餐厅经理的演讲吸引。虽然他们不懂西班牙语，依然被感动得热泪盈眶。最后，这个餐厅经理宣布：他念的是餐厅的菜单。"虽然这是个笑话，但足以说明，一个人如果投入地做事，就会取得成功。"

赵建华讲了个故事，对正在求职的大学生或许有参考意义。宋朝时，一次画院招考。考试是命题作画，题目是一句古诗："踏花归去马蹄香。"有的应考者认为诗句的重点在"踏花"二字，就画了一些花瓣，一位青年骑着马在花瓣上行走。有的觉得重点是"马"，于是画了一匹骏马，在花丛中疾驰。只有一位应考者画得很特别,他的画卷上根本没画花瓣——夕阳西下之时,一位英俊少年骑在一匹骏马上。马在奔跑着,马蹄高高扬起,一些蝴蝶紧紧地追逐着,在马蹄的周围飞舞。"这幅画被判为最佳。有时候,考试考的不仅是看到的东西,更要看你是不是会'闻弦歌而知雅意',洞察人心。"

坦率地说,任何人都不愿意面对失败。

在吸引了几乎全世界人眼球的拳坛世纪之战中,当时正如日中天的泰森根本没有把已年近40岁的霍利菲尔德放在眼里,自负地认为可以毫不费力地击败对手。同时,几乎所有的媒体也都认为泰森将是最后的胜利者。美国博彩公司开出的是22赔1泰森胜的悬殊赔率,人们也都将大把的赌注押在了泰森身上。

在这种情况下,认为已经稳操胜券的泰森对赛前的准备工作——观看对手的录像,预测可能出现的情况及应对措施,充足的睡眠和科学的饮食都敷衍了事。

但是,比赛开始后,泰森惊讶地发现,自己竟然找不到对手的破绽,而对方的攻击却往往能突破自己的漏洞。于是,气急败坏的泰森做出了一个令全世界人都感到震惊的举动:一口咬掉了霍利菲尔德的半只耳朵!

世纪大战的最后结局当然是:泰森成了一位可耻的输家,还被内华达州体育委员会罚款600万美元。

泰森输在准备不足,当霍利菲尔德认真研究比赛录像,分析他的技术特点和漏洞时,泰森却将教练准备的资料扔在了一边;当对手在比赛前拼命热身，提前进入搏击状态时，他却在和朋友一起狂欢。虽然泰森的实力确实比对手高出一筹，从年龄上也占尽了优势，但他最后却一败涂地。

霍利菲尔德的成功和泰森的失败皆因准备。是的，每一次差错皆因准备不足，每一项成功皆因准备充分。

当然，在这种一战定胜负的比赛中，偶然性确实占了很大的比重。这个时候，比的并不是谁的实力最强，而是谁犯的错误最少。只有真正地重视准备，扎实地把准备工作都做到位，才能从根本上保证你不犯或少犯错误。

足球教练莫里尼奥也清楚地看到了这一点。在他担任葡萄牙球队波尔图的主教练，率领球队征战欧洲冠军联赛时，几乎没有人相信他们能杀入决赛，更别提夺取冠军了。但结果却使所有人都大跌眼镜，这个从队员到主教练都默默无闻的俱乐部，竟然得到了欧洲足球的最高荣誉。

确实，波尔图的队员们与皇马、米兰等大牌球队的球星相比，无论从名气上还是实力上都相差悬殊，当时的莫里尼奥和里皮、弗格森相比也不可同日而语。但莫里尼奥却有一个胜利的武器：对准备工作超乎寻常的重视。他几乎观看了所有对手最近的每一场比赛。可以说，所有对手的技术特点、战术风格、最近的状态……他都了如指掌。甚至对比赛当天的天气、场地草皮的状况，他都进行了详细的了解并制定了相应的对策。结果在决赛当天，他使用的队员、阵型、战术打法都直指对方的软肋，就像他夺冠后所说的那样："如果大家知道我们为了取得胜利而研究了多少场比赛，准备了多少资料，筹划了多少方案，你们就会认为这个冠军我们当之无愧。"

当时，有相当多的人认为莫里尼奥的成功只是运气好，再加上那些大牌球队在对阵无名球队时缺少重视和兴奋感，才让他捡到了一个冠军。其实，莫里尼奥的胜利是必然的，因为他的准备工作比任何人都充分，正是因为对准备工作超乎寻常地重视，才使他站到了欧洲足球之巅。

功成名就的莫里尼奥在夺冠的第二年来到了英超球队切尔西，这里会集了很多世界级的大牌球员。当莫里尼奥和这些队员第一次见面的时候，他所做的第一件事是打开随身携带的笔记本电脑，开始如数家珍地介绍这些球员：从技术风格、进球数、身高体重甚至详细到哪些是左脚打进的，哪些是右脚打进的都了如指掌，莫里尼奥的这一举动一下子就震住了这些球星。不过，这只是开始，他们更没有想到的是，主教练这种近乎完美的准备工作会使他们在后面的比赛中取得一个又一个的胜利。

是的，在莫里尼奥的带领下，切尔西队不管是在国内联赛、杯赛还是在欧洲冠军联赛，都取得了一连串的胜利。莫里尼奥出名了，但他在赢得别人尊重的同时，又被许多对手厌恶。喜欢他的人称他为"上帝第二"，讨厌他的人却称呼他"魔鬼"。

一个又一个让人始料不及的成功，使他成为"现象"。

现在，不管是欣赏他还是厌恶他的人，都开始研究莫里尼奥。

他们总结了很多条，如善于用人，阵型选择合理、自信等。遗憾的是，却很少有人领会到莫里尼奥成功的真正原因——准备。

这是为什么呢？原因就在于，准备太重要，但也太平常了。我们大家几乎每天都生活在准备之中，所以，反而对它的重要性视而不见。

就像莫里尼奥所说的："当准备的习惯成为你身体的一部分时，它就会永远在那里，并帮助你取得令人惊讶的胜利。"

英格兰国脚兰帕德这样评价莫里尼奥："我从未遇到过像他这样的人，对工作、对胜利是如此渴望，对准备工作又是如此痴迷。"

没错，准备使他成为"魔鬼"，也正是准备使他成为"上帝第二"，还使他成了这个世界上第一高薪的足球教练。

实际上，我们做任何事情都是如此，最终决定成败的因素并不是能力、运气、环境……而是平平常常的两个字"准备"！

在体育比赛中准备不足会使你输掉比赛，而员工在工作中如果准备不足会使企业蒙受几千万元、几亿元甚至几十亿元的损失。

在西方管理咨询行业，有一句行话：只有准备失败的方案才有可能是成功的方案。咨询公司除了给客户提供成功方案外，还会为客户提供一份详细的关于失败结果的描述。而国内的一些管理咨询公司，提供给企业的全部是成功方案，如果同时给他们描述失败结果，他们不会接受，因为他们只愿意看到成功，因为他们只有承受成功的实力，而没有承担失败的实力。恰恰是这些企业家，最终败得一塌糊涂。

　　第二次世界大战中，盟军胜利登陆诺曼底之后，最高统帅艾森豪威尔将军发表了激情的演讲："我们已经胜利登陆，德军被打败。这是大家共同努力的结果，我向大家表示感谢和祝贺！"但史学家披露一则史实，在登陆前，艾森豪威尔除了这份讲话稿之外，还准备了一份完全相反的讲稿，其内容是这样的："我很悲伤地宣布，我们登陆失败了。这完全是我个人决策和指挥的失败，我愿意承担全部责任，并向所有人道歉！"

　　盟军登陆诺曼底为什么会胜利，其实艾森豪威尔做了大量作战失败的准备，包括他准备的最后没有公布于众的"失败演讲"。如果解密诺曼底登陆，人们会发现，艾森豪威尔同时把失败作为了战略内容。一个已经在研究失败可能的统帅，会从客观上剔除失败的种种可能，反而能更好地保障成功。

　　高尔夫球名将黑根在介绍自己成功的经验时说，他在每打一局球之前都准备打五六个坏球，待比赛中真的打出坏球时，就不会破坏自己的情绪。有了这种思想准备，他的心态反而非常好，成为世界著名的高尔夫高手。

　　一心想成功的人，对任何事情往往不会向失败的方向考虑，这些人往往会成为最容易失败的人，而且一旦失败，连心情和斗志也输得精光，甚至一蹶不振。

　　培根说："一个人的幸运的造成主要还是在他自己手里。所以，诗人说'人人都可以成为自己的幸运的建筑师'。"生活中，人人都希望幸运之神垂青自己，人人都幻想厄运中会出现奇迹，但这只是一厢情愿，倘若平时没有应付险恶环境的准备，一旦厄运降临，悲剧就会发生。

五、事预则立，不预则废

古人云："凡事预则立，不预则废。"不管是做一件具体的事情，还是规划职业生涯，甚至是选择一生的奋斗方向，我们都需要首先确定一个明确的目标。

什么是成功？成功就是树立一个明确的目标，并努力去实现它。这个道理许多人都知道，但是如何确定目标？什么样的目标才是适合自己的？这是一个值得重视并深思的问题。

这个世界没有想不到的事，也没有做不到的事，要敢于设立远大的目标，并把目标具体化。乔治·派克就是一个很好的例子。

乔治·派克制造出了世界上最好的钢笔，虽然他仅是在威斯康星州的杰尼斯维这个小镇发展他的事业，但他却能把自己的产品远销到全球各地。

多年以前，派克先生在他脑海中确定了一个"明确的目标"，这个目标就是要生产世界上最好的钢笔，他以实现这个目标的强烈欲望作为他这个"明确的目标"的后盾。如果你身上带了一支钢笔，很有可能就是派克钢笔，这是派克成功的最佳证明。

我们在确定目标的时候，应该遵循以下三个原则。

第一，目标要符合个人的特征。

仙人掌有极强的抗旱能力，但不能在热带雨林生长；鱼可以在江河湖泊里自由漫游，但一到陆地便难以生存。这说明每种生物都有自己的特点，同样每个人也有自己的特点。孔子说因材施教，正是要求针对个人的资质采用相应的教育方式。

在确认人生目标时，也应根据个人的资质、兴趣、能力等因素恰当定位，这是极其关键的。

第二，目标越大越明确越好。

愿望越大越好，即使它是如梦的空想也没关系，因为空想是达成愿望前的一个出发点。但是空想本身如果不去实行，只能以空想结束，无法成为引导你成功的原动力。因此，你需要有目标，目标越具体越好，越明确越好。为了使它更明确，必须用具体的话语来表现。

比如在就业时"只是想进入银行机关"，这种茫然的目标不如改为"我很想到某家银行就职"，要是能说"我很想担任某种职位，怎样工作下去"就更好了。

第三，目标要坚定。

在日常生活中，人们往往要犯这样的错误，即在朝着目标努力的同时，不断被其他事情吸引，因而不断更改初衷，修改目标，这样的结果是，到头来把自己奋斗的目标丢失了。因此，要达到成功，一个最简捷的办法就是直达目标，毫不动摇。

英·甘地夫人曾经说："我这人眼高手低。一个人要做一件事，不管这事多么小也得斗争。可我生就一个懒人，所以我就把事情分为三类：最重要的、次要的和不很重要的。我只为第一类事而奋斗。如果我身体好、有潜力，也去张罗第二类事。"

这句话充分体现了英·甘地夫人作为一个政治家简捷明了、直达目标的性格特点和做事风格，值得我们学习和借鉴。

秦朝末年，楚汉相争。有一次，韩信带领1500名将士与楚国大将李锋交战。苦战一场，楚军不敌，败退回营，汉军也死伤四五百人，于是，韩信整顿兵马也返回大本营。当行至一山坡，忽有后军来报，说有楚军骑兵追来。

只见远方尘土飞扬，杀声震天。汉军本来已十分疲惫，这时队伍大哗。韩信兵马来到坡顶，见来敌不足五百骑，便急速点兵迎敌。他命令士兵3人一排，结果多出2名；接着命令士兵5人一排，结果多出3名；他又命令士兵7人一排，结果又多出2名。

韩信马上向将士们宣布：我军有1073名勇士，敌人不足五百骑，我们居高临下，以众击寡，一定能打败敌人。汉军本来就信服自己的统帅，这一来更认为韩信是"神仙下凡""神机妙算"。

于是士气大振。一时间旌旗摇动，鼓声喧天，汉军步步逼近，楚军乱作一团。交战不久，楚军大败而逃。

一个人要想成功就必须树立远大的目标，没有目标的努力是茫然的，是注定会失败的。每个人通往目标的路有很多条，不同的目标又有各自的捷径，提前为自己确立好目标，选择好方向，才能把握运势，因为凡事预则立，不预则废。

有一户人家，住在市镇与市镇之间的路上，以种菜为生，颇为农家肥不足所苦。

有一天，主人灵机一动："这条路上往来贸易的人很多。如果能在路边盖一间厕所，一方面给过路的人提供了方便，另一方面解决了农家肥的问题。"

于是，他用竹子和茅草盖了一间厕所。果然来往的人无不称好。种菜的农家肥从此不缺，青菜、萝卜都长得极为肥美。

路对面有一户人家也以种菜为生，他非常羡慕，心想："我也该在路边盖个厕所。而且，为了吸引更多人来，我要把厕所盖得清洁、美观、大方、豪华。"

于是，他用上好的砖瓦搭建了一间厕所，内外都漆上石灰，比对面的茅厕大了一倍。

完工之后，他觉得非常满意。然而，对面的茅厕人来人往，而自己盖的茅厕却无人光顾。这户人家感到非常奇怪，就问过路的人是怎么回事。原来，他盖的厕所太豪华、太干净，一般人远远看去都以为是神庙，内急的人当然是跑茅厕，而不会往他那里跑了。

世界著名投资公司"软银"的创始人孙正义，曾经在23岁时花了一年多时间来想自己到底要做什么。他把自己想做的四十多种事情都列了出来，而后逐一地做详细的市场调查，并做出了十年的预想损益表、资金周转表和组织结构图。四十个项目的资料全部合起来足有十米多高。然后他列出了二十五项选择事业的标准，包括该工作是否能使自己全身心投入五十年不变，十年内是否能成为全日本第一等。依照这些标准，他给自己的四十个项目打分排队，计算机软件批发业务从中脱颖而出。用十几米厚的资料做事业选择，目光放在几十年之后，并且深思熟虑，这样的周密规划注定了他日后的成功。

三天不预测，买卖不归行。常涉水方知水深浅，多预测才晓价高低。自古以来，许多商人从自己的实际体会和前人经商致富的经验中，越来越认识到善于预测对做好生意的重要意义。预测不是无根据地胡思乱想，也不是一拍脑袋即得出的盲目决断，而是研究未来动态，对客观事物未来发展进行的预料、估计、分析、判断和推测。商业上的预测就是对商品生产、市场需求、价格变化所做的预先推断。它通过市场上商品生产条件(农产品受天时影响形成丰歉)的变化，人们消费方式和癖好的变化，以及社会风气和时局的变化来进行观察，从中发现征兆、捕捉信息、估摸供求变化的走势，以便于经营者抓住时机、适应变化、组织好商品经营。当今的市场越来越多变，预测也越来越复杂，也更显出"独具慧眼，看准市场"之人的可贵。

继承父业去法国经商做皮件经营的中国农民林昌横就是这样一位杰出的经营者。他说："要说我有什么经营之道，最重要的是走在市场的前面。"他认识到"顾客要什么就卖什么,顾客喜欢什么就生产什么"这种生意经已经不够了,重要的是要研究顾客口袋里有多少钱?愿意花多少钱?愿意购买多少钱的背带、皮包?为什么喜欢这样的手袋?于是他根据当地公众经济收入水平的不同,把顾客分成高、中、低三个层次,按照这三个层次准备了高、中、低三个不同档次的皮带和皮包。由于林昌横了解、掌握、分析了皮件市场需求的变化和发展趋势,并用来指导生产和经营,从而拥有了广阔的市场,终于使他的企业在巴黎同类行业中跃居第二。

事实证明,林昌横在市场调查基础上所做的市场预测是科学的,因此他能在国外皮件市场上占有一席之地绝不是偶然的幸运。林氏可算是细分市场做法的较早推行者。而注意研究不同对象的消费需求变化,正是对市场预测的深化。

随着预测经验的积累和理论的充实,市场预测正作为一门专门学问而兴起。对未来市场供求状况和未知市场状况的研究,二者构成市场预测活动的基本内容。分析过去、面对现实、把握规律、预见未来,这项学问具有明显的前瞻性,与一般性的调查活动有所区别。

在市场经济更为发达的资本主义国家里,市场预测也颇受重视。西方管理学家非常重视决策前的调查、预测,以及作为预测依据的资料、情报的收集和分析工作。"先知"就是制定战略或经营决策之前的正确预测。准确地进行预测可保证决策的正确性,这一精神古今中外都是贯通的。西方经济学家凯恩斯使用的经济计量方法，正可用来对市场预测进行定量分析。这是经济预测工作的新发展，为市场预测学增添了新的内容。

站在今天想到明天，根据今天预测明天，是在如今市场风云变幻的情况下企业家要想走向成功必备的素质。中国的企业家要提高市场预测的准确性，就要继承我们先哲的预测思想。比如气候变化对农产品收成影响的科学探索，如何利用气象信息研究生产规律以指导商业经营，这还是一块尚待开拓的园地，两千五百年前范蠡就提出这样的命题，是应引起世人惊异的。

对于个人来说，职业是个人生活经济收入的来源，是个人实现自我价值和社会价值的重要舞台。对于社会而言，个人从事合适的职业，是保障社会稳定，提高社会运行效率的前提。它是一个人终身的工作经历，一般可以认为，我们的职业生涯开始于任职前的职业学习和培训，终止于退休。因此，我们每个人都是自己的职业规划者，所以我们选择什么职业作为我们的工作，对于我们每个人的重要性都是不言而喻的，这就需要我们有一定的前瞻性和计划性，能够规划出自己人生的蓝图。

拿破仑·希尔有这样一句名言："一切成就的起点是渴望。"一个人追求的目标越高，他的才能发展就越快。一心向着自己目标前进的人，整个世界都给他让路。事实上，一个人确定自己一生的理想目标，并根据这一目标来进行相关努力，就是职业生涯设计。个人对自己的职业生涯规划不仅是一种具体需求，也反映了一个人的精神境界和内在态度。一个人看不到自己的未来，就把握不住他的现在。

我们处于这个人才竞争激烈的市场经济时代，每个人都有可能成为自己的人力资本的主宰。墨子有云："人性如素丝，染于苍则苍，染于黄则黄。"确实是这样，我们的人生是自己创造的，用什么样的色彩在渲染人生，就会收获相应的画面。

二十几岁的年龄，若是带着一脸茫然踏入这个拥挤的社会，怎能满足社会的需要，使自己占有一席之地？如果没有兢兢业业地辛苦付出，哪里来甘甜欢畅的成功的喜悦？没有勤勤恳恳地刻苦钻研，哪里来震撼人心的累累硕果？只有付出，才能有收获。但是正如我们的知识和经验需要不断积累一样，职业生涯规划也需要不断调整，毕竟水无点滴量的积累，难成大江河；人无点滴量的积累，难成大气候。

六、失败让你不断进步

如果你只有5美元和两小时的时间，你打算如何用它们来赚钱呢？我也给我在斯坦福大学的学生们布置了同样的作业。我把他们分成14组，发给每组一个信封，里面装着5美元的"创业资金"。在打开信封之前，他们可以用任意长的时间来筹划，不过，信封一旦被打开，他们就只有两小时的时间利用这5美元来赚钱了。活动从周三下午开始，周日晚上结束。到周日晚上时，每队都要发一份

PPT给我，说明他们在这段时间里的具体行动，并且要在下个周一的下午向全班同学展示活动细节。这项活动是为了充分发挥同学们把握机遇、挑战假设、平衡资源、勇于创新的创业精神和创新能力。

你觉得每队能赚多少钱？换作是你，你又会怎样做呢？有些同学回答我说："去拉斯维加斯""买彩票"，大家听了哄堂大笑。这么回答的人赚到大钱的概率微乎其微，因为风险太大了。最常听到的建议就是先用这5美元买些启动材料，然后支个小摊给别人洗车或者卖点柠檬水。对想在两小时之内赚点小钱的人来说，这种建议也许是个不错的选择。然而我的学生们却给出了一些"非常规"的答案。他们敢于质疑传统的思维方式，敢于迎接挑战，他们想用这5美元创造尽可能更高的价值。

那么他们是怎样做的呢？可以给个提示：赚钱最多的那几队根本就没用这5美元。

他们没有让5美元禁锢自己的思维，因为他们明白5美元本身没有什么太大的价值，应该用更开阔的眼光去看待问题：在你一无所有的时候，你该怎样去赚钱呢？他们充分利用了自己的观察能力和天分，挖掘自己的创新才能，从不同的角度去看待这些问题。可能在日常生活中，他们也曾亲身经历或看到别人遇到过这样的问题，他们注意到了，却从没想过怎么解决问题。这些问题虽然不断出现，却没有成为他们首要考虑的事情。但是现在，通过对这个问题的透彻分析，获胜队赚到了600美元，平均获利率为4000%。再考虑到很多组根本就没有用那5美元的启动资金,所以这真是极大的投资收益。

那么他们到底做了些什么呢?从这一点来看,所有的团队都具有很强的创造力。有一个小组发现了许多大学城普遍存在的问题:每到星期六晚上,热门餐厅门口往往会排很长的队,很难等到座位。他们决定在那些不想花时间排队等候的人身上赚钱。于是,他们两人一组,分头向好几家餐厅预订座位。用餐时间快到时,再把订到的座位卖给不想在长长队伍中等待的人,每个座位最多可以卖到20美元!

傍晚收工时,他们观察到几个有趣的现象。第一,他们发现在推销座位时,女同学会比男同学更容易成功,或许是因为女同学出面时,顾客会觉得比较自在。于是他们调整策略,由男同学四处奔走,在不同的餐厅预订晚餐座位,女同学则负责向排队的人推销座位。第二,他们也发现,有些餐厅会发传呼机给等座位的人,有空位时,就以振动传呼的形式通知顾客,结果同学们的生意在这类餐厅做得最好。当你亲手把先获得座位的传呼机交给顾客时,顾客会觉得花钱换回来的是实质的东西。他们付钱给你,以自己的传呼机换取已经在振动的传呼机,以缩短等候时间。这样做还有额外的好处,那就是时间更晚一点,新换来的传呼机订位时间快到时,同学们又可以把它卖给更晚到的顾客,再赚一笔。

而另一个小组的方法更简单。他们在学生宿舍前面支了一个摊位,免费检测自行车轮胎的气压,如果轮胎需要充气的话,就收取1美元的费用。一开始他们觉得自己占了同学们的便宜，因为同学们本来可以到附近的加油站去免费充气。不过在做了几笔生意之后，他们发现顾客们其实对他们很是感激。尽管他们的服务没什么难度，而且附近也有充气的地方，但是，他们提供的服务无疑是更方便、更有价值的。在规定时间刚到一半的时候，这组队员就改变了策略，由原来的固定收费改为顾客自愿付款的形式，这样一来，他们的营业额开始突飞猛进。显然，顾客们更愿意为这项有可能免费的服务多付一些酬劳。

和那个推销座位的团队一样，这一组队员也是成功的。他们成功的关键在于，能够在实施想法的过程中，不断根据顾客的反馈完善自己的方案，让整个团队的策略达到最佳效果。

这两组方案都成功地为他们各自的团队创造了好几百美元的收益，也让他们的同学们感到非常钦佩。然而，赚钱最多的那一组却用完全不同的方式重新分配手头的资源，并且成功赚得650美元。这组学生认为，他们目前所拥有的最有用的资产，不是那5美元，也不是两小时的活动时间，而是用来展示活动细节的那宝贵的3分钟。他们决定将这3分钟出售给一家想在学校里招聘学生的公司。他们为这家公司制作了一个3分钟的招聘广告，利用周一的展示时间，播放给同学们。这是个十分聪明的做法，因为他们能够看清自己所拥有的资产，而且这种资产价值惊人，正等待着他们去开发。

其他十一组也都发现了不少赚钱的好方法，包括在一年一度的维也纳舞会上开办一个小照相亭；在"家长日"卖那种标注了饭店位置的地图；向同班同学出售定制T恤，等等。有一组在雨天采购了不少雨伞，打算去旧金山卖，可是没多久天居然晴了，当然他们也就亏了本。还有一组开了个洗车摊，另外一组卖柠檬水，不过他们的获利都低于平均水平。

这次"挑战5美元"的活动在激发学生的创新思维方面，是一次成功的尝试。不过它也让我感到些许不安，我绝不是要传递那种金钱决定论的思想。因此，进行第二次活动时我把作业做了点改动。这次，启动资金并不是5美元，取而代之的是一个装有10枚回形针的信封。我告诉他们，在接下来的几天里，他们将有4个小时的时间，利用这10枚回形针创造尽可能大的价值，而这种价值，可以用他们所希望的任何方式来衡量。

这个灵感来自凯尔·麦克唐纳的那个很著名的"别针换别墅"的故事，凯尔以一枚红色的回形针起家，通过一步步交易，最终拥有了一套属于自己的房子。为此，凯尔还建立了博客，专门记录他每次交易的过程。虽然耗费了一年的时间，但他还是一步一步地实现了自己的目标。他先是用这枚回形针换了一支鱼形的钢笔，又用钢笔换了一个门把手，接着用门把手换了科尔曼火炉……在这一年中，他不断地交换，最终换到了一套大房子。考虑到凯尔用一枚回形针所取得的成就，我给学生们10枚回形针已经是很慷慨了。任务从周四上午开始，展示时间定在下个周二。

快到星期天的时候，我突然变得有点焦虑不安了。这次任务是不是太难了呢？学生们会不会半途而废呢？我几乎都做好迎接失败的准备了。

  7个团队都选择了不同的价值衡量方式。一组决定把回形针当作一种新的"货币"，四处搜罗尽可能多的回形针。另外一组了解到，目前为止，世界上最长的回形针链超过了22英里，所以他们决定要打破这项世界纪录。他们发动了所有的朋友、室友，寻遍当地的商店，最终弄了一大堆回形针到教室里来，把它们一个个都连接起来。直到任务时间耗尽，他们也没能打破世界纪录，虽然没能实现预定的目标，不过这一组为该项目付出的努力还是值得肯定的。

  由此看来，不论是谁，不论做什么事，要想获得成功，就必须准备接受失败的考验。人既要做成功的英雄，也要做不怕失败的勇者，而且只有不怕失败的勇者，才有可能成为成功的英雄。

  不怕失败，是一种勇往直前的信念，也是一种可敬的英雄气概。这不禁让人想起鲁迅先生说过的一段话："我每看运动会时，常常想，优胜者固然可敬，但那虽然落后而仍然跑至终点不止的竞技者，和见了这样的竞技者而肃然不笑的看客，乃正是中国将来的脊梁。"在我们生活的这个大运动场上，有些人不甘落后、不怕失败，坚信自己的目标，一次次摔倒，一次次站起来，那同样是最可尊敬的，而且总有一天，他们会在自己的跑道上获得成功。

七、在失败中看到曙光

没有谁能够一帆风顺地走完自己的人生道路，所以我们要跨过"害怕、挫折"这道坎，以正确的态度对待挫折。如果大海中没有礁石，哪有美丽的浪花？正是因为海浪与礁石的猛烈撞击，才有了那美丽的浪花。就如人生的价值是在艰苦的斗争中显现一样。在人生道路上，只有不畏风吹浪打、扬帆前进，才能感受到生活的磅礴气势，才能看到前途的美丽风光。

曾经听人讲过这样一个笑话：一个年轻的司机驾车行驶在漆黑无人的小路上，突然汽车出现故障不能行驶。当司机准备修车时，却发现自己没带千斤顶。这时，他看见远处传来了灯光。于是，他急急忙忙向灯光走去。走着走着，他却变得越来越不安，万一没人开门怎么办？万一没有千斤顶怎么办？即使有千斤顶，万一主人不肯借怎么办？

年轻的司机越想越心烦。

当农舍的主人热情地打开门时，出人意料的事情发生了，司机居然一拳向开门的人打过去，嘴里高声喊道："吝啬鬼，让你那糟糕的千斤顶见鬼去吧！"

听完这个笑话，许多人都会捧腹大笑。然而在笑声过后，您是否能从这个小故事中悟出一些人生道理呢？

当困难和挫折向我们袭来时，如果我们能以积极的心态勇敢面对，或许能转败为胜，取得意想不到的收获；如果只是一味地悲观、失望，那么幸运之神也会离我们而去。

在人生的旅途跋涉，像踏着绳桥过河，不可能稳稳当当，要在摇摆中前行。冰山上的雪莲花不会因为无人观赏而不开放，滔滔江水不会因为一去不复返而拒之东流。人不能因为一时的不如意就丧失生活的信心，更不要因为偶遇阴雨绵绵而拒绝温暖的阳光，也不能因为旧时的伤痛，而停止人生的跋涉。你要勇敢地敞开心灵之门，打开心扉之窗，接受温暖阳光的照射。

人，总是渴望人生道路一帆风顺，但风顺的背后总会有陷阱等待着我们。挫折是走向成功的必经之路，渡过了这个难关，成功将离我们不远。

生命的航船难免遇到险滩恶浪，如何驾驶生命的小舟，让它乘风破浪，驶向成功的彼岸呢？我想这需要你的勇气，不管风吹浪打，胜似闲庭信步，以百折不挠的意志去面对困难挫折，以一种平常心去面对挫折，自信天生我材必有用，相信你会从山重水尽疑无路，峰回路转至柳暗花明又一村的境地，迎接你的必将是山巅的无限风光。

大海是小溪的追求，大树是幼苗的追求，彼岸是航海的追求，成功的人生是我们每个人的追求。正是有了追求，才有了自然界的勃勃生机，泉水叮咚奔向大海，雄鹰展翅搏击长空，百舸争流万里航行。正是有了追求，才使我们的人生异彩纷呈。在人生旅途中，难免会遇到一些困难挫折，要想有所作为，就不应屈服于命运的安排，不要抱怨，不要消沉。因为困难挫折能磨炼一个人的意志，挫折能锻炼一个人的品行。由此可见，挫折是通往成功的第一条道路。

如果说人生是一座大山，挫折就是人在攀登大山时难以把握、难以预期的崎岖山路，只有经得起考验，受到了挫折的磨砺，甩掉挫折的梦魇，勇于征服攀登中的所有困难，才能取得最后成功。特别是在成长的道路上，我们每一个人心中都有自己的梦，但是在把梦想变为现实的过程中，我们会遇到许许多多的困难和挫折。"人有悲欢离合，月有阴晴圆缺，此事古难全。"但我们始终坚信：挫折并不可怕，只要我们有战胜挫折的信心和勇气，不要让挫折成为我们前进中的"绊脚石"，要让挫折点燃我们心中的信念之火，这样最终会走向成功的彼岸。

无论黑夜多么漫长，朝阳总会冉冉再升；无论风雪多么疯狂，春风总会缓缓吹拂。通往成功的道路不止一条，在挫折和困难降临时，千万不要停止脚步。因为很多时候失败只是滔滔江水上的一座独木桥，只要勇敢走过去，等待你的将是成功。

回首中华历史五千载，成大事者无一不是从挫折与苦难之中磨炼出来的，挫折使司马迁含冤被投入狱中，遭受宫刑，成功是一部《史记》，留传千载；挫折使勾践屈膝夫差三年，卧薪尝胆，成功是灭掉吴国，成就了一代伟业；挫折使剧作家曹禺三次落榜，从医梦破灭，成功是创作《雷雨》《日出》等震撼人心的作品。如果没有挫折，他们都生活在安逸的环境之中，他们都过着平静的生活，他们能否成就辉煌，名垂青史，千古流芳呢？

我们所经历的种种挫折并不是想象中的那么苦不堪言。也许正是因为挫折存在，我们才体会到人生的意义，不经历挫折，就没有成功。一个失败者不一定能转变成一个成功者，但一个成功者，一定曾经是一个失败者。人生路上，挫折常常会没有预兆地从四面八方袭来，可能是无法抗拒的天灾人祸；可能是难以预料的生老病死；可能是努力工作，却得到怀才不遇的结果；可能是全心付出，却换来朋友变心的尴尬；可能是用功苦读，却进不了理想学校的苦恼；可能是辛苦创业，却落得血本无归的下场……面对各种不同的挫折，每个人的"承受能力"也不不同。

美国历史上最伟大的总统之一亚伯拉罕·林肯，是一位拓荒者的儿子，成长坎坷，用他自己的话说："童年是一部贫穷的简明编年史。"九岁的时候，母亲去世，这给了林肯很大的打击，而且多重打击接踵而至，姐姐、女友、父亲、儿子相继弃世而去，使他经常陷入绝望："总感到不堪一击，每走一步都要望望什么时候曙光才会来临。"也正是因为他屡遭挫折的人生经历，才有了废除奴隶制的《解放奴隶宣言》，才有了南北战争胜利后奴隶制的彻底崩溃。

如果说，成功一半靠努力、机缘，那么另一半靠的是习惯。

钱会用光，地位会改变，朋友总有一天也会离开我们，但在年轻时养成对待"挫折与失败"的好习惯，是送给自己一生最好的礼物，在挫折中寻找自我，在挫折中寻找希望，在挫折中创造辉煌。

人们常常将生活中的不如意消极地解释为"挫折"来逃避，但是我们换一个角度思考问题，若能将之视为一种"挑战"的话，它就会引领我们积极地去面对人生中的种种不如意。

一位业务员去拜访客户却遭到拒绝，如果他只是想着："我就是没用。我就是没办法去推销，而且我手上的商品根本就是连最厉害的业务员也卖不出去的东西……"这样的想法只会让自己越来越退缩。但若换一个角度来想："我现在正面临如何提升自己销售专业技巧的挑战，我有一个要让客户更加信任我、更容易接受我所销售的商品的挑战。"这样的想法将会在无形中激励自己更勇敢地展开新的尝试。

有了严冬的酷寒，才有了梅花芳香的容颜；有了大雪的重压，才有了青松挺拔的佳话；有了燥热的戈滩，才有了胡杨的挺拔；有了石头的挤压，才有了小草风雨不动的身姿，自然的风风雨雨中总有生的希望。

勾践被困会稽，卧薪尝胆，卒成霸王；左丘失明，厥有《国语》；屈原放逐，著有《离骚》。他们坎坷的人生给了人们无数的启迪，有了挫折才有了奋起。

林肯十五岁的时候才开始认字母，每天早晚都要在森林中走四里小路才到校。他买不起算术书，向别人借，再用信纸大小的纸片抄下来，然后用麻线缝合，做成一本自制的算术书。他以不定期上课的方式在校求学，知识都是"一点一点学的"。他所受的正规教育，总计起来上学的日子不过十二个月左右。林肯能在很艰难的情况下发奋读书，是林肯不向命运屈服的表现，也是我们应该向林肯学习的地方。

林肯下田工作的时候，也将书本带在身边，一有空闲就看书。中午吃饭时，也是一手拿着玉米饼，一手捧书。他在被提名为总统候选人以后，曾说："我能够取得这一点小成果，完全是日后应付各种需要，时时自修取得的知识。"林肯由一个贫穷的孩子成长为统率美国的政治家的历程，深深地打动着我们，他成功的关键在于奋发向上，不懈努力，迎接生活的挑战。林肯做到了，成功了。

如果没有暗礁，就激不起美丽的浪花。林肯不屈服命运的精神，给了我们深刻的启示，向挫折挑战，创造佳绩。挫折并不可怕，可怕的是克服挫折的决心，生活中，我们并没有被挫折打败，而是被自己打败。没有乌云的天空不算深奥，没有暗礁的海洋不算博大，没有坎坷的生活不算美丽，没有挫折的人生不算精彩。

八、一着不慎，满盘皆输

人生如棋，一着不慎，满盘皆输。同样的棋子，同样多的人，同样多的资源，为什么有的人就配合得完美无缺，一路所向披靡，过关斩将？为什么有的人缺兵败如山倒，丢盔弃甲，溃不成军？虽然说只是游戏，但细细思考，发现配合得好的一方总是相互信任，扎扎实实，步步为营，稳打稳扎；而失败的一方，当然除了运气因素之外，大多都是不讲究配合，走极端。

人生如棋，在短暂的人生旅途之中，无论是我们的工作还是生活，很多事情一个人是无法完成的，那只能寻求协作或者配合。

喜爱下棋的朋友都曾有过这种经历：大好形势下，由于一步没走好而败下阵来是常有的事。如果一个人在优势面前不能保持清醒头脑，而是沾沾自喜，盲目乐观，你的优势可能会变成包袱甚至是劣势。正所谓"小心驶得万年船"说的就是这个道理。

很多时候，我们不是跌倒在自己的缺陷上，而是在自以为有优势没问题的地方出了差错。因为缺陷常给我们以提醒，而优势则让人冲昏头脑，忘乎所以。

在世界各国的军事史上，由于暂时的优势而麻痹大意，结果招致失败甚至全军覆没的例子很多，赤壁之战就是典型的例子。商战如战场，经营企业也是如此。

韩国大宇集团的创办人金宇中仅用32年时间，将其发展成韩国第二大产业集团，拥有高达650亿美元的资产，集团营业范围涉及贸易、造船、汽车、通信、建筑、机械、制造和金融等十多个领域。但从20世纪90年代开始，金宇中提出"世界化经营扩张战略"，大肆举债开始全球性大收购，甚至创下了每3天接管一家企业的纪录。1995年，大宇集团的债务已高达190亿美元，到了1998年，其债务攀升至500亿美元，超过其净资产的5倍。

不幸的是，随着亚洲金融危机的来临，在韩国经济中具有举足轻重的大宇集团这颗耀眼的明星在1999年7月终于走向了陨落,"金宇中神话"随之破灭。

在这方面,我国海尔公司的掌舵人张瑞敏一直保持着清醒的头脑,用他的话来说就是:"别看海尔现在发展到这么大,但我每天都是战战兢兢、如履薄冰。到目前为止,海尔没有出现过决策上的失误,这是海尔顺利发展的关键。战舰一大,如果一招不慎,一个决策不对,很可能造成全军覆没,所以我每天非常努力、非常刻苦、非常谨慎地做好每一件事。"

做人的道理也是如此。一个人发了财,有了地位,有了年龄,或者有了学问,自然气势就很高,往往就容易得意忘形了,其实,这是没有修养的表现,对自己事业的成功也是十分不利的。

棋局本来就是战局,我和陌生的朋友走到了一起。一旦定了规则,游戏开始,彼此只有尽力相互配合、相互掩护,尽自己所能,才能取得到较好的战绩。

既然游戏已经开始,注定了要和同盟一起同舟共济,再也无法选择也无法逃避,不管他是真实的还是从未谋面的。在一起游戏,这本身就是一种缘分或者机会,凭什么不好好玩一局?

被寄予厚望的常昊没能延续连胜势头,今天被韩国小将李世石攻擂成功,不得不尴尬地面对连续11次负于对手的事实。而在整盘对弈中,导致常昊失利的,是被多位专家、教练批评的一步大昏着:二路没"立",真可谓一着不慎,满盘皆输。

没能拿下有望改写胜负纪录的棋,懊恼的常昊感觉异常痛苦。

但和赢棋的李世石拒绝所有采访不同，常昊依旧很有礼貌地向记者分析了失误所在："之前形势不错，后来下的时候瞬间有个错觉，以为是'立'下去后他会不太行。"他说："李世石以前这个布局下得比较少，他下得很积极，但是也有些风险。李世石实力很强，我和他的比赛中盘阶段失误较多，所以成绩也就差一些。"

看到弟子走出昏着，担任讲棋嘉宾的总教头俞斌意外地愣了数秒。"常昊偏软的棋风经常会错过最好的机会，导致让李世石没有受到惩罚。在关键时刻就要敢于出手，这样才能抓住胜机。"他分析，"这盘棋常昊输得很可惜。序盘李世石攻击白棋右下的时候有点用力过度，常昊本有一举制胜的机会反杀对手。进入官子阶段后，常昊关键时刻走出昏着，这是非常致命的，已经难以挽回了。"

古力下了飞机后拖着行李直奔赛场观赛，眼见大师兄失利，他遗憾地表示：如果常昊二路"立"可能一举取得优势，胜势不敢说，但优势是一定的。这应该是两秒钟就落子的，应是一个连贯的动作。结果常昊却长时间思考，想的东西一多，就要坏了。

执行的过程中，一旦某一步、某一环节出错了，执行就会出现严重错位，甚至前功尽弃。

2007年4月，一起金库盗窃案震惊了全国，河北邯郸市农业银行邯郸分行金库里的5100万元现金被盗。

5100万元，按重量来计算的话，加起来有两吨多重，要用一辆大卡车才能运走。可奇怪的是，这么多钱被盗，居然没有一个人发现。

在5100万元不翼而飞的同时，两名金库管理员也失踪了。于是他们猜测，金库被盗应该和这两名管理员有关。

警方立即展开了调查，3天后，两名金库管理员落网。

这5100万元确实是被两名金库管理员偷走的，而且是被两人在5个月内分批盗走的！

这让人们在大吃一惊的同时不得不质问："5个月的时间，金库的现金被偷走了5100万元，银行难道就一点都没发现？"

按照规定，各银行必须建立查库制度，营业单位坐班主任每月至少要不定期查库三次，主管行长每半年至少进行一次全面查库。

照这么计算，5个月内农业银行邯郸分行应该查库的次数最少达15次，可居然没查出丢了钱。

由此可见，这15次查库只是形同虚设。不仅如此，银行的监视系统也极为不完善。就这样，事态终于发展到了无法收拾的地步。

尽管两名盗窃犯最终受到了法律的严厉制裁，但大部分钱已经被他们拿去买了彩票，银行由此造成了无法挽回的巨大损失。

在很多人看来，金库是守卫森严的地方，毫无疑问会有重重防范措施，要想行窃，简直比登天还难。而金库保管员也应该接受过严格训练，有非常高的职业素养。

然而，无论在安全措施还是人的挑选上，银行都没有把好关，结果导致本应该最保险的地方变得最不保险。

或许在银行的领导看来，像金库这样的地方，谁敢打主意、动歪念，于是不知不觉放松了管理和防范，最终导致了事故的发生。

阴沟里之所以最容易翻船，就是因为人们在"风平浪静"的情况下，放松了警惕，看不到存在的"暗礁"，结果触了礁，翻了船！

当然，"暗礁"也是可以消除的，这需要你了解以下几点：

（1）过去没事，并不代表永远没事。

（2）"最保险"的地方更应该多加一把锁，多把一道关。

（3）"最安全"的地方更要用严格的制度去保障。

你不消除隐患，隐患就消灭你，隐患尽管看不见、摸不着，但是并不代表它不存在。

隐患就像一个小小的蛀虫，要是不消除它，它迟早会消灭你，甚至把你"吞掉"。

如果在执行中不注重消除小隐患，往往就会引发大灾难。

为了准备人类第一次载人太空飞行，苏联宇航局从1960年3月起就开始招募宇航员。

经过层层筛选，最后只留下几位，其中一位叫邦达连科的宇航员得到了主设计师科罗廖夫的极大赞赏，大家一致认为他当选的可能性最大。

然而，就在邦达连科进行为期10天的地面训练的最后一天，灾难降临到了他头上。

这天，邦达连科在一个高浓度氧气舱里，用酒精棉球擦完身上固定过传感器的部位后，随手将它扔掉。

不料带着酒精的棉球正好掉在了电热器上，立即引起大火。邦达连科被严重烧伤，在送往医院10小时后，因抢救无效死亡。

就这样，邦达连科成了第一个遇难的航天员。

只是他并不是死于空中的灾难，而是死于他自己制造的灾难。由于没有意识到隐患的存在，结果，他成了隐患的牺牲品。

这样一来，苏联航天局不得不再挑选一位优秀的宇航员执行第一次上天任务。

邦达连科事件让苏联航天局在挑选宇航员时变得格外挑剔和严格，他们希望挑选出最细心、最有安全防患意识的宇航员。

没过多久，当带领受训宇航员参观尚未竣工的东方号宇宙飞船陈列厂时，主设计师科罗廖夫问："你们有谁愿意试坐？"

一位名叫加加林的年轻人报了名。

在进入飞船前，加加林脱下了鞋子，只穿袜子进入还没有舱门的座舱。加加林的这个举动一下子赢得了科罗廖夫的好感。

最后，苏联航天局决定让加加林驾驶着"东方一号"执行飞行任务。

加加林也由此成为第一个进入太空的宇航员，被人们尊称为"太空第一人"。

一个是"第一个遇难的航天员"，另一个是"太空第一人"，二者有着多大的差距？

隐患常常隐藏在我们的不经意之中，但它有着巨大的爆发力，当我们未对隐患有足够警觉的时候，就很容易被隐患"吞噬"。

变量无处无时不在，要格外重视变量才能抓住变化，才会改变你原有的招数，不至于由于一着不慎而失全局。

九、不因失败而轻言放弃

古今中外成大事者，没有经历挫折的少矣：昔日汉高祖，不过一介小吏，却开创了汉朝的四百年的基业；太史令身受宫刑，但其志不催，一曲无韵离骚，足以让后人叹绝千古；东坡被贬黄州，大江东去，浪淘尽，千古风流人物谁人不知，谁人不晓？皆遭不幸，但哪个不是名垂千古？古人尚且如此，今人又何当不为？

人生要经历过无数的事，如果为了一件小事的失败而放弃，那么只能说明你是一介匹夫。爱迪生发明了电灯，经历了上百次的失败他放弃了吗？如果他放弃了一次，那么电灯可能要晚几百年出现了，那一次失败算什么呢？相反地，只要相信光明永远在我们面前，只要不懈追求，天地就在你脚下。

在你选定的行业坚持10年，你一定会成为赢家。目标不是轻易能够实现的，成功来自对目标的坚持。

20世纪70年代是世界重量级拳击史上英雄辈出的年代。拳王阿里已有4年未登拳台，此时体重已超过正常体重200多磅，速度和耐力也大不如前，医生给他的运动生涯判了"死刑"。然而，阿里坚信"精神才是拳击手比赛的支柱"，他凭着顽强的意志重返拳坛。

1975年9月30日，33岁的阿里与另一拳坛猛将弗雷泽进行第3次较量（前两次一胜一负）。在进行到第14回合时，阿里已经精疲力竭，濒临崩溃的边缘，他几乎再无丝毫力气迎战第15回合了。然而他拼着性命坚持着，不肯放弃。他心里清楚，对方和自己一样，也是有气无力了。到这个地步，与其说是在比气力，不如说是在比意志，就看谁能比对方多坚持一会儿了。他知道此时如果在精神上压倒对方，就有胜出的可能。于是阿里竭力保持着坚毅的表情和誓不低头的气势，双目如电。阿里的表现令弗雷泽不寒而栗，以为阿里仍保存着旺盛的体力。这时，阿里的教练邓迪敏锐地发现弗雷泽已有放弃的意思，他将此信息传达给阿里，并鼓励阿里再坚持一下。阿里精神一振，更加顽强地坚持着。果然，弗雷泽表示俯首称臣，甘拜下风。

裁判当即高举起阿里的手臂，宣布阿里获胜。这时，保住了拳王称号的阿里还未走到台中央便眼前漆黑，双腿无力地跪在了地上。弗雷泽见此情景，如遭雷击，他追悔莫及，并为此抱憾终生。

麦当劳的创始人雷克洛克最欣赏的格言是："走你的路，世界上什么也代替不了坚韧不拔。才干代替不了，那些虽有才干却一事无成者，我们见得多了；天资代替不了，天生聪颖而一无所获者成为笑谈；教育也代替不了，受过教育的流浪汉在这个世界上比比皆是。唯有坚韧不拔，坚定信心，才能无往而不胜。"

美国石油大亨约翰·洛克菲勒是标准石油公司的创始人，也是世界上第一位亿万富翁。16岁时，他为了得到一份"对得起所受教育"的工作，翻开克利夫兰全城的工商企业名录，仔细寻找知名度高的公司。每天早上8点，他离开住处，身穿黑色衣裤和高高的硬领西服，戴上黑领带，去各个公司面试。他不怕被人拒之门外，日复一日地前往，每星期6天，一连坚持了6个星期。在走遍了全城所有大公司都被拒之门外后，他并没有像很多人想的那样选择放弃，而是敲开一个月前访问过的第一家公司，从头再来。有些公司洛克菲勒甚至去了两三次，但谁也不想雇用他。可是洛克菲勒越是受到挫折，他的决心反而越坚定。1855年9月26日上午，洛克菲勒走进一家从事农产品运输代理的公司，老板仔细看了他写的字，然后说："留下来试试吧！"并让洛克菲勒脱下外衣马上工作，工资的事提也没提。过了3个月，洛克菲勒收到了第一笔补发的微薄的报酬。这就是洛克菲勒的第一份工作，是他自己都记不清被拒绝多少次后得到的工作。他一生都把9月26日当作"就业日"来庆祝，那热情胜过他自己的生日。

相比洛克菲勒遇到的挫折，也许我们要幸运得多。我想很少有人在找工作时，在推销自己的想法或产品时，会遇到几百次乃至上千次拒绝。拒绝本身并不可怕，可怕的是遇到几次拒绝就畏缩不前，就怀疑自己，这样的人是永远不会成功的。

任何希望成功的人必须有永不言败的决心，并找到战胜失败、继续前进的法宝，不让自己一蹶不振。

艾柯卡曾任职于世界汽车行业的领头羊福特公司。艾柯卡由于其卓越的经营才能，在公司的地位节节高升，直至成为福特公司的总裁。然而，就在艾柯卡的事业如日中天的时候，福特公司的老板福特二世却出人意料地解除了艾柯卡的职务。原因很简单，因为艾柯卡在福特公司的声望和地位已经超越了福特二世，所以他担心自己的公司有朝一日会改姓为"艾柯卡"。

此时的艾柯卡可谓是步入了人生的低谷，他坐在不足10平方米的小办公室里沉思良久，终于毅然地下决心：离开福特公司。在离开福特公司之后，有很多家世界著名企业的老板都曾拜访过他，希望他能重新出山，但被艾柯卡婉言谢绝了。因为他心中有了一个目标，那就是："从哪里跌倒的，就要从哪里爬起来！"

艾柯卡最终选择了英国第三大汽车公司克莱斯勒公司，这不仅因为克莱斯勒公司的老板曾经"三顾茅庐"，更重要的原因是此时的克莱斯勒已是千疮百孔，濒临倒闭。艾柯卡要向福特二世和所有人证明：艾柯卡不是一个失败者！

入主克莱斯勒之后的艾柯卡，进行了大刀阔斧的整顿和改革，终于带领克莱斯勒走出了破产的危机。如今艾柯卡拯救克莱斯勒已经成为一个著名的商业案例被人们广为传颂。

诺曼·文森特·皮尔说："确信自己被打败了，而且长时间有这种失败感，那失败可能变成事实。"而如果你不承认失败，只认为是人生一时的挫折，那么你就会有成功的一天。

有些人之所以害怕失败，是因为他们害怕因此而失去自信心，其结果是他们试图将自己置于万无一失的位置。不幸的是，这种态度也把他们困在了一个不可能做出什么杰出成就的位置上。还有的人惧怕失败，是因为他们害怕失去第二次机会。也许在他们看来，万一失败了，就再也得不到第二个争取成功的机会了。如果他们知道，多少著名的成功人士都曾失败过，就会给他们更多希望和信心。

王宏筠拥有一家公司，主要从事高档玻璃屋顶的安装，个人资产约1500万元。大学毕业后，王宏筠选择去外企工作，在美国的一家企业驻北京办事处负责销售进口医疗器械。工作半年后，就被提升为销售三部的销售经理。1989年，王宏筠成为这个办事处的首席代表。

1992年年底，王宏筠决定为自己做事情，他成了意大利佐利雅建材公司产品的中国总代理。随后的一年多时间里，王宏筠开始了忙碌辛苦的创业历程。一年时间，花掉30万元，却没有做成一笔生意。

在王宏筠向朋友借的5万元钱也快用光时，他咬牙又坚持了几个月。他把自己的房子作为抵押，再次向银行贷款20万元，他还把工人的工资提高近一成，留住了熟练的技术工人。另外，王宏筠拿出了5万元继续在报纸上打广告，同时他还多方面打听消息，只要打听到有新的装修项目，他都会亲自跑去和人家介绍他的顶棚技术。

功夫不负有心人，机会终于来了，他接到了机场路附近别墅区的工程，王宏筠一下子就赚到了20多万元。之后工程项目一个接一个，工人加班加点都做不完。

到1995年时，商品房中大量的复式结构出现，王宏筠的生意更加火爆，意大利公司看到市场开拓得如此好，又给他让出了2%的利润。他也开始将业务发展到广州、深圳及上海。王宏筠用了5年的时间就赚到了自己的第一个1000万元。现在，每当王宏筠回首起自己的创业历程，他都认为自己的成功归因于自己在挫折中的坚持。

能不能坚持，很多时候已经不是能力问题，而是意志品质的高低，而且这也是能否取得成功的关键因素之一。要成功，不论遇到任何困难，都必须坚持到底，只有坚持不懈地努力，成功才会来到你的身边。任何人的成功都不是随便获得的，都要经过一番努力和坚持不懈地付出，要懂得坚持不懈的重要所在。

逆境给人才成长制造困难，形成压力，使人才成长备受挫折。但是，正如《菜根谭》中所说："居逆境中，周身皆针砭药石，砥节砺行而不觉；处顺境中，眼前尽兵刃戈矛，销膏糜骨而不知。"久处顺境，容易产生骄奢淫逸和惰性。而人在身陷逆境时，资源匮乏，精神压抑，成功欲望迫切，成才动机强烈，因此常常能够取得在顺境中难以取得的巨大成功。事实正是如此，豪门子弟多不成器，而出身贫寒者始终处于忧患之中，逆境使人别无选择，逆境给人很大的压力，而压力能激发出强劲动力。

第三章
如何应对不期而至的失败

不管怎么样，尽管你很不愿意接受这一点，但失败终究还是来了，不期而至。如何应对它？让我来告诉你……

一、现实总是不如意

现实总是充满种种不如意。工作岗位不如意,职称晋升不如意,奖金分配不如意,住房调整不如意,儿子就业不如意,女儿学习不如意,老爹老娘的身体不如意,甚至自己也做了许多不如意的事,恨不得自己捣自己一拳。如此等等,挥之不去,避之仍来。

而对于二十几岁的年轻人来说,最大的不如意估计大多是来自工作。因为刚刚步入社会,对这个社会还没有更深地了解,而看到自己的理想跟现实差距有着天壤之别,更容易生出一种"不如意"的心理。

问上苍,能给我一个苦苦追寻的答案吗?可惜,人世间最大的悲哀莫过于爱莫能助!无奈,生活的答案只能自己寻找,在失意的生活中寻找希望,寻找出路,寻找生命中微微点点的光芒。坚强,唯有坚强面对苦难的生活,回应苦难的生活,才能从迷雾重重的生活中走出来,走进原本充满阳光、雨露的生活中去。再一个是感情不如意。感情世界并不是一个晶莹剔透、一尘不染的地方。在男与女的感情世界中,心与心之间的距离有多近?感情的纯度有多少?本真的感情是圣洁的,但感性的感情有时总会偏离航向,驶向重重迷雾。在功利的现实生活中,有些人把感情当成一种游戏,一种可以"寄宿"的游戏,在"得到"与"失去"中穿梭游戏,辱没了神圣的爱情。

事业是人生的追求,是人生的梦想,是人生价值的体现。在追求事业的路上并非一路坦途,并不是每个人都能如愿成就梦想,除了不懈努力,艰苦付出外,思想上还得做好承受一次又一次失败的准备。现实是无法抗拒的,环境是无法改变的,事业上的突破,除了自己要具备成就事业所必须的素质外,还得遇到人生中的伯乐,还得适应、融进你所处的环境中去,天时、地利、人和缺一不可。

然而,我们太多地去讨论现实的不如意,其实是没有多大意义的。巴尔扎克说过:"世界上的事情永远不是绝对的,结果完全因人而异。苦难对于天才是一块垫脚石,对于能干的人是一笔财富,对于弱者是一个万丈深渊。"

张海迪5岁时因患脊髓病,胸以下全部瘫痪。她因此没有进过学校,童年时就开始以顽强的毅力自学,她先后自学了小学、中学、大学的专业课程。张海迪15岁时随父母下放聊城莘县的一个贫穷小山村,但她没有惧怕艰苦的生活,而是以乐观向上的精神奉献自己的青春。在那里给村里小学的孩子们教书,并且克服种种困难学习医学知识,为乡亲们针灸治病,在莘县期间,她无偿为人们治病1万多人次,受到人们的热情赞誉。张海迪学习非常刻苦,翻译过一本10万多字的外语小说。身体残疾对常人来说是人生最大的痛苦和挫折,但通过努力在别的方面取得成功就是对身体残疾的补偿。

面对现实的不如意,甚至深渊,张海迪选择了面对,并且超越现实,最终实现自己的人生目标。可以说,生活是一面镜子,你对它哭,它也对你哭;你对它笑,它也对你笑。既然如此,我们为何不以春天的心情、春天的明媚,笑对生活中的种种不如意,让种种不如意在我们的微笑中化作内心和谐、社会和谐的音符呢!

让我们再以两人为例:他们都是领导者,开始工作时都没有经验,两人从前都没有从事过类似的工作,都面临很大麻烦,其中包括战争、他们自己的政敌以及个人生活中的悲剧。随着年龄增长,两人都更加倾心宗教,两人都有待人热情、善于交往的一面,但另一面却是意气消沉、顽固不化,甚至令人捉摸不定。他们都是宿命论者,相信他们的命运由超人的力量所掌控。这两个人就是美国前总统亚伯拉罕·林肯和俄国的末代沙皇尼古拉斯二世。他们之间的区别就是——成长为高敏感者的途径不同。尽管林肯最开始并没有政府管理方面的经验,但是他具有敏锐的政治天性,愿意学习和进取。他知道如何利用其敏感性去改善他的现实生活和人际关系。例如:他利用他的直观能力去评估内战对未来一代美国人的长远影响,他筹划着如何医治整个国家的战争创伤。与之形成对照的是,沙皇尼古拉斯二世本身并不想领导整个国家,当他遇到困难时也没有明智地利用他的直觉。相反,在第一次世界大战所带来的压力下,他在情感上把自己隔离起来,政府最终崩溃,他自己也被压垮。将这两个人进行比较并不是总结敏感的好与坏,而是指出他们利用敏感方式的不同——一种是带来力量,另一种是导致软弱。

人生难免不如意，以良好的心态去面对人生十有八九不如意，烦心事、伤心事、痛心事、苦心事。我们对朋友、亲人、情人送上最多的祝福往往是"万事如意"四个字，它代表了人们之间最美好的祝福、最深切的期望。

其实，我们更应该看清，人的一生，"不如意事常八九"。不如意的时候多于如意的时候，这是一种现实，也是人生的规律，不能躲避，也难以改变。重要的是我们应该选择正确的态度对待不如意。

人们不同的心态和心境可以改变不如意对我们的影响。《于丹〈论语〉心得》里说，每个人生活中的不如意，"就如同划开一寸长的口子，算大伤还是小伤？如果是一个娇滴滴的小姑娘，她能邪乎一星期；如果是一个粗粗拉拉的大小伙子，他可能从受伤到这个伤好，一直都不知道。"我们学学这个大小伙子，许多不如意就会从我们的生活中悄悄溜走。例如，调资少了一级，想吃饺子照样吃，又能咋样？自己从领导岗位退下来了，想想早上起来照样有太阳，晚上睡觉还是那张床，又能咋样？有这样一副对联："望长空云卷云舒，去留无意；看窗前花开花落，宠辱不惊。"胸怀宽一点，眼光远一点，许多大不如意就变小了，小不如意就消失了。

事实上，如意和不如意作为一对矛盾，总是互相转化的。面对种种不如意，我们不懊丧、不抱怨，而是以积极的态度对待它，越过了一个一个的不如意，总会迎来一个如意。如意之时，我们也当清醒地看到，紧接这个如意的又将是一连串的不如意。我们就在这种如意和不如意的交替中增长着奋斗的激情，收获着耕耘的果实。春节期间，一位老领导写了这样一副对联："一帆风顺观景色，逆水行舟试实力。"是的，只有不如意的时候才展现着一个人的意志、信念、才能、品格。

有的人为了事业放弃了做人的人格与尊严，他们的一言一行显得那样卑微与可怜；有的人为了心灵的那片自由之地而甘愿事业停滞不前，因为他不愿退让做人的最后一道底线。我们没有权力去评判谁是谁非，没有权利去评论谁成谁败，但相信时间会说明一切，也会证明一切。在这样一个功利社会，在这样一个以成败论英雄的时代，我们能坚守住人生本真的最后一块阵营，这本身就是人生中莫大的成功，其他又有何所惧、何所求呢？人生十有八九不如意。其实，活着就是一种心态，当你心无旁骛，淡看人生苦痛，淡泊名利，心态积极而平衡，有所求而有所不求，有所为而有所不为，不用刻意掩饰自己，不用势利逢迎他人，不用做伪君子，做一个真真正正的自我。如此这般，人生就算失意，也会无所谓得与失，坦坦荡荡，真真切切，平平静静，快快乐乐。人生十有八九不如意，是说人生如意的人毕竟是少数。大作为、大造就必经大挫折、大磨难，百炼才能成好钢，炉火烧到一定火候才能变成纯青。风平浪静，波涛汹涌；细水长流，大起大落是自然规律。空前绝后，盛极而衰，是说当前人把事情做到极致后人则没有了机会，发展走到顶峰必然随之衰落下滑……

高处不胜寒。即便能够幸运地成为少数可以攀登到顶峰的如意人，感受的寂寞和苦难又是多少常人所能理解的呢？英雄无用武之地。自然的存在本来就有缺憾，有多少人在有限的人生完全可以发挥得淋漓尽致呢？顾此失彼，有所长必有所短，面面俱到，事事周全圆满是不可能的。世间事情相辅相成，有得必有失。社会中纷纭失意的人烦恼多多，矛盾多多。

行得春风，便得春雨。人生一切是造化，苦乐人生。人生是由咸甜苦辣所组成的，我们喜欢欢乐却无法拒绝苦难，倘若没有苦难的对应存在，怎么会珍惜欢乐的价值？自然而然，人生随缘，随遇而安，知足常乐。遵循自然起伏变化规律，合拍自然生存节奏，珍惜相遇的缘分而安乐，你才能寻求到属于自己生活的真正幸福快乐。人生不如意十有八九，看破不如看开。红尘繁复，看破世间种种的七巧玲珑心又有多少呢？

可是，有些事情，不是看破就可以了。如果缺少那份容纳海阔天空的胸怀，世事洞察的聪慧，就会成了压榨生命的苦酒。看得越清，反而越痛苦。

一个正确的心态，才可以让生命如虎添翼，抽干一切浮躁在心中的恶水，注入一股清新的泉流，还一个清静的灵魂，容江海之天下。

蝴蝶破茧而出，是蝴蝶对天空的挑战；梅花傲然绽放，是梅花对严冬的挑战；蒲公英漫天飞舞，是蒲公英对未来的挑战。同样，人的一生也是在不断迎接挑战，在挑战的路上成就成功的未来。

二、失败心态决定下一次的崛起

生活中每个人都想追求完美，事事追求一帆风顺，害怕遭受挫折，然而事与愿违。

人不能因为一时的不如意就丧失生活的信心，更不要因为偶遇阴雨绵绵而拒绝温暖的阳光，也不能因为旧时的伤痛，而停止人生的跋涉。你要勇敢地敞开心灵之门，打开心扉之窗，接受温暖阳光的照射。

当困难和挫折向我们袭来时，如果我们能以积极的心态勇敢面对，或许能转败为胜，取得意想不到的收获；但如果只是一味地悲观、失望，那么幸运之神也会离我们而去。

当你遇到挫折，丧失生活信心的时候；当你创业遇到困境，走投无路的时候；当你经营惨淡，负债累累的时候；当你心烦意乱，跳不出烦恼圈的时候；当你错过机会，后悔莫及的时候；当你的夫妻感情出现危机，到了危险边缘的时候；你要用自己的聪明才智，点燃自己心中快要熄灭的激情，让激情在心中燃烧成熊熊大火，调整好自己的心态，坚韧伴随着生活的艰辛，只要你靠恒久的努力冲破重重围困，就一定会取得成功。

陈平是西汉名相，少时家贫，与哥哥相依为命，为了秉承父命，光耀门庭，不事生产，闭门读书，却为大嫂所不容，为了消弭兄嫂的矛盾，面对一再羞辱，隐忍不发，随着大嫂的变本加厉，终于忍无可忍，离家出走，欲浪迹天涯，被哥哥追回后，又不计前嫌，阻兄休嫂，在当地传为美谈。终有一老者，慕名前来，免费收徒授课，学成后，辅佐刘邦，成就了一番霸业。

在人生的路途中，不要畏惧挫折，不必灰心，拥有陈平的胆识，树立必胜的信心，一步一个脚印。只有这样，我们才能在挫折中奋起，不鸣则已，一鸣惊人。

成功是种巧合，是自己努力和老天照顾的综合产物。换句话说，成功是需要做好心理上的准备的，你只需要以良好的心态去面对它。

雨后，一只蜘蛛艰难地向墙上已经支离破碎的网爬去，由于墙壁潮湿，它爬到一定的高度，就会掉下来，它一次次向上爬，一次次又掉下来……

第一个人看到了，他叹了一口气，自言自语："我的一生不正如这只蜘蛛吗？生活忙忙碌碌而无所得。"于是，他日渐消沉。

第二个人看到了，他说："这只蜘蛛真愚蠢，为什么不从旁边干燥的地方绕一下爬上去？我以后可不能像它那样愚蠢。"于是，他变得聪明起来。

第三个人看到了，他立刻被蜘蛛屡败屡战的精神感动了。于是，他变得坚强起来。

不同的人对同一事物有不同的看法，但拥有成功心态处处都能发觉成功的力量。那么成功心态又是什么呢？心态是您对待自己、对待别人、对待自己遇到事情的态度。成功心态也称积极乐观的心态，即在忧患中看到的也是一个机会。我们来看看以下几种关于成功的心态，你准备好了吗？

事物永远是阴阳同存，积极的心态看到的永远是事物美好的一面，而消极的心态只看到不好的一面。积极的心态能把坏的事情变好，消极的心态会把好的事情变坏。十四世纪蒙古皇帝莫卧儿在一次战役中大败，自己蜷缩在一个废弃马房的食槽边，垂头丧气。这时，他看到一只蚂蚁扛着一粒玉米，在一堵垂直的墙上艰难地爬行。玉米粒比蚂蚁的身体大许多，蚂蚁爬了69次，每次都掉下来。当它尝试第70次时，蚂蚁终于扛着玉米爬上墙头。莫卧儿大叫一声跳起来，蚂蚁尚能如此，我为什么不？莫卧儿终于重整旗鼓，打败了敌人。

人生道路上难免会有磕磕碰碰，最重要的是我们不能因此而失去挑战的信心，不要害怕挫折，要勇敢地面对每一次挫折。河蚌忍受了被沙石困扰的痛苦，终孕育出光彩夺目的珠贝；宝剑忍受了烈火锤炼的苦楚，终露出了锃亮的刀锋，直面挫折，方可笑傲风云。

直面挫折，坦然而勇敢。人生道路上坎坷也好，挫折也罢，面对它们必须拥有一份坦然的心态、一份拼搏的勇气。试问困难算什么？痛苦算什么？只要我们拥有锲而不舍的毅力，便没有征服不了的高峰，只要我们拥有坚韧不拔的心灵，便没有逾越不了的障碍。锋利的宝剑需要心血与烈火的淬炼；绚丽的彩虹在狂风暴雨后才会出现。让我们直面挫折、磨炼，坦然而勇敢地面对，谱写出我们人生最华丽的篇章。

三、每一次失败都有根源

也许你曾为自己的失败找理由，试图说服自己，然而，不管你承认不承认，其实一切失败的最终根源其实只有四个字：准备不足。坦率地说，任何人都不愿意面对失败。当技术人员发现自己辛辛苦苦开发的软件被证明是漏洞百出时，当销售人员费尽唇舌依然没有签到合同时，当一个管理者发现自己的团队是一盘散沙时，那种沮丧、失落的心情确实令人难过。也许他们可以用无数个理由来为自己开脱，什么运气不好、一时疏忽、配合不力等。但事实告诉我们，隐藏在这些失败背后的真正原因就是：准备不足。

我们以宝洁公司生产的婴儿纸尿布为例，它的销售市场遍及世界各地，在德国和中国香港市场都一度非常畅销。

但好景不长，不久，德国的销售点向总公司汇报：德国的消费者反映，宝洁公司生产的尿布太薄了，吸水性能不足。而中国香港的销售点却向总公司汇报：香港的消费者反映，宝洁公司的尿布太厚了，简直就是浪费。

总公司感到非常奇怪：为什么同样的尿布，会同时出现太薄又太厚两种相反的情况呢？这让公司的管理人员有点摸不着头脑。

其实，这是宝洁公司的产品开发人员在设计产品时缺乏应有的准备，对产品销售的不同市场没有经过细致的调研和考察所造成的。

总公司通过详细调查后发现，同时反映太薄、太厚的原因，是德国和中国香港的母亲使用婴儿尿布的不同习惯所致。虽然中西方婴儿一天的平均尿量大体相同，但德国人凡事讲究制度化，完全按照规矩行事，德国的母亲也是如此，早上起来的时候给孩子换一块尿布，然后一整天都不会去管他，一直到了晚上才会再去换一次。于是，宝洁公司的尿布相对于这样的情况明显就显得太薄了。可是中国香港的母亲却把婴儿的舒适当作头等大事，孩子只要尿布湿了就会换上一块新的尿布，一天不知道要换多少次，所以宝洁公司的尿布在这里就显得太厚了。

显然，宝洁公司的产品开发人员并没有考虑到不同国家之间的文化差异，在设计新产品的时候没有做好相应的准备工作，使宝洁公司蒙受了不少经济损失。

产品开发人员只不过在不同地域使用尿布的习惯上忽视了调研，等待他们的就是无情的市场风险。省下的调研成本，现在却要付出十倍、百倍甚至千倍的代价。

这就是凡事预则立，不预则废的道理。准备和失败是成反比的，你越轻视准备，失败就会越重视你。所以，我们每个人都应该扪心自问：为自己现在的工作和理想的职位准备好了吗？记住一句话："每一项差错皆因准备不足，每一项成功皆因准备充分。"

时值中午，瓦格纳上校通知罗文下午一点钟到军部去。

到了军部，上校严肃地向罗文交代了任务："总统派你去古巴，给加西亚将军送一封信，他在古巴东部的一个地方，我命令你把信亲手交给他，信中有总统的重要指示。记住，任何能证明你的身份的东西都不允许携带，你知道，美国历史上这样的悲剧和教训太多太多了，比如独立战争中的内森·黑尔和美墨战争中的利奇中尉，他们都是因为随身带的一些东西暴露了身份而被杀害的，他们不仅自己遇害，也使敌人探得了我们的机密。我们决不能再冒险了。这次，你决不能出现丝毫的差错！"

文中的内森·黑尔是美国历史上的一位民族英雄，他被英军逮捕时，英军在黑尔身上发现了记录英军情况的纸条，那些纸条暴露了黑尔的身份。黑尔不得不报出他的姓名、军衔和所执行的任务。最终，在靠近达夫塔弗恩的一个炮兵营地里，黑尔被处以绞刑。临刑前，黑尔说出了那句传诵至今的话："我唯一遗憾的是，我只有一次生命献给我的祖国。"

如果内森·黑尔像罗文一样准备充分的话，他的命运、国家的命运可能都会重新改写。就是这么一点准备不足，使他陷入了失败的泥潭。

上校的话告诉罗文一个严酷的事实，在这里，准备工作已经成为关系生死存亡的问题，准备不当，就会危及生命，甚至危及国家的安危。而内森·黑尔和利奇中尉就是因为准备不足而送命的，同时，国家最高机密也被对方窃取，最终导致了失败。所以，千万别小看了准备工作。

回到我们的现实生活中，准备不足会导致的结果是：当你辛辛苦苦跑去拜访一家公司的经理时，却发现经理已经换人了，变成了另一个你完全不认识的，你又得打道回府，去准备这位经理的资料；当你们几人代表公司去与另一家公司谈判时，发现谈判变得异常艰难，本公司的资料似乎被对方全部掌握了，自己却完全不了解对方的底线……当遭遇到上述这些情况时，你肯定会有沮丧、失落的心情，但同时会找出无数个理由来为自己开脱与辩解，比如运气不好、一时疏忽、配合不力等。其实，这一切失败的最终根源其实只有四个字：准备不足。

四、失败过后是成功

二十几岁，刚从校园踏进社会，难免遇到各种人，经历许多事情。有些是未曾遇到或想过的，有些是不感兴趣或厌恶做的。但又不得不去面对和处理。当遇到困难和挫折时我们是选择逃避、沮丧、失望，还是勇敢面对、坚持和挑战？

当我们想放弃的时候，应该多坚持一会，当别人走累了，我们应该多走几步路。遇到困难，克服；遇到挫折，克服；遇到拒绝，克服。这一次的拒绝就是下一次的赞同，这一次皱起的眉头，就是下一次舒展的笑容。司马迁因直言劝谏触犯朝廷而受宫刑，但他忍辱负重，最终成就了《史记》，为后人留下了一笔宝贵的文化遗产和精神遗产。爱迪生为发明电灯失败上千次，他却一直没有放弃。当他所有的资料被一场大火烧得一干二净时，他却笑着说："没有关系，这场火烧掉了我以前所有的错误，明天又将是一个新的开始。"他们直面挫折，克服困难，最终获得成功的态度难道不值得我们深思吗？曾经有多少伟人，他们在战胜挫折以后最终成功，成为一代雄才。

鲍勃·摩尔在参加哈佛大学招生时，五门功课中，竟然有三门不及格，因此没能够顺利进入这所著名的大学深造。摩尔感到非常自卑，常常将自己关在黑屋子里，怨天尤人，唉声叹气。

这年夏天，鲍勃·摩尔的家乡接连下了一个多月的暴雨。终于，山洪暴发了。鲍勃·摩尔不幸被滚滚的山洪卷进了咆哮的河流。在浊浪翻滚的河水中，他像一片树叶一样被抛来抛去，生命危在旦夕。他心里暗想，这回算是完了，没有救了。也罢，人生在世，总有一死，死就死吧！

就在鲍勃·摩尔万念俱灰，最后一丝生的希望也即将被死神带走的时候，脑袋突然被洪水中滚动的石块给碰了一下，疼痛使他猛然清醒过来。刹那间，他突然想起去年夏天与女友在这条河中漂流探险时，曾在这条河的下游遇到过一棵粗壮的老树。老树有一个粗大的枝丫，正好斜长着横贴在水面上。只要能够抓住这根树枝，就能够保住自己的生命。一想到这里，他的心中立刻充满了希望，浑身上下顿时力气倍增，心也不慌了，僵硬的四肢也变得灵活了。

鲍勃·摩尔心中默念着那棵救命的老树，在洪水中顽强地坚持着，拼命地挣扎着……历尽艰险，他终于游到了那棵老树跟前。但是，当他拼命地抱住伸向河面的树杈时，谁知那根树杈早已枯朽。使劲一拽，"咔嚓"一声断为两截，鲍勃·摩尔只好紧抱着断落的树杈，继续随水漂流。刚漂出没有多远，就被河边经过的抢险队员搭救上岸。

事后，鲍勃·摩尔说，要是早知道那根树杈是枯朽的，他兴许不可能坚持游到那儿。

得知这次事故后，远在英国的父亲打来电话给鲍勃说："你瞧，连死神都害怕希望呢！只要你心中还有希望，那么再大的困难、再大的挫折都能够战胜。你想，既然你已经通过了两门，那就一定能通过更多的。记住，哈佛大学就是下游那棵紧贴河面生长的'大树'。"

鲍勃·摩尔心中豁然开朗。于是，他重新回到学校，走进了课堂，拿起了课本，最终以优异的成绩考入了哈佛大学，成为哈佛大学自开办激励教育学科以来最出色的学员之一。

鲍勃·摩尔说："你可以失败一百次，但必须一百零一次燃起希望的火焰，人生真的是希望无敌！"

生活中我们遇到的挫折比比皆是，也是不可逃避的。重要的是正视挫折，勇于面对它们，这样才会使我们的人生更加精彩，人格更加完善。在挫折中，我们迷惘过、手足无措过。但当我们战胜挫折后，迷惘的心豁然开朗，甚至更加坚定；惶恐的心顿时安静下来，在这些安静中还有几许喜悦；手足无措的心顿时有了明确的目标与方向。当我们战胜挫折后，会喜悦，会兴奋，会被成就感所充斥。正是这些挫折，成就了我们的成功。如果没有克服挫折的决心、持之以恒的恒心，你即使"先知先觉"也毫无意义。在遇到挫折时多走几步，纵使失败了，也能盼到成功的时刻。

不论做什么事，如果不坚持到底、半途而废，那么再简单的事也只能功亏一篑；相反，只要抱着锲而不舍、持之以恒的精神，再难办的事情也会迎刃而解。当然，并不是所有的坚持都会取得胜利。比如我们做一件事，虽然你尽了最大努力，没有一丝松懈，但迎接你的却仍是失败。这时，请你不要懊悔，因为你尽管是失败者，只要你努力去做好你应做的事，只要你尽了自己最大的努力，那么即使失败，你也是强者。

苏联著名作家奥斯特洛夫斯基在半身瘫痪、双目失明的情况下，写出了不朽的著作《钢铁是怎样炼成的》。明朝时的李时珍，为了写《本草纲目》走遍长江和黄河流域。在走访过程中，李时珍勤读、勤问、勤写，用了27年时间，参阅800多种书籍，终于写成了举世闻名的《本草纲目》，为我国医学做出了巨大贡献。美国女作家海伦从小双目失明，耳朵又聋。但是她凭着坚强的意志，成了著名的文学家。

万事贵在坚持。一个人具备了坚强的意志、耐心和恒心，他就取得了成功的一半，那么另一半成功在顽强努力下也就不难获得了。"水滴石穿，绳锯木断。"小小的水滴经过长年累月尚可将石头滴穿，那么我们还有什么事情做不到呢？所以我们说，坚持就是胜利，遇到挫折不要轻言放弃，多走几步，成功就在眼前。

许多历经挫败而最终成功的人，感受熬不下去的时候比任何人都要多。但是，他们总能树立"成功就在下一次"的信念，并坚持到底。越想放弃的时候越不能放弃，正如著名的作家歌德所说："不苟且地坚持下去，严厉地驱策自己继续下去，就是我们之中最微小的人这样去做，也很少不会达到目标。"因为坚持的无声力量会随着时间而增长到没有人能抗拒的程度。或许这就是成功人与普通人之间的区别吧，成功与失败之间只有一步之遥，向前进一步就离成功更近一步，退后一步就离失败更近一步。

你越坚持，困难就越退缩。"坚持"是战胜一切挫折的有力武器，有哪件事可以不经坚持和努力就能获得成功呢？坚持是持久心的一个重要表现，是人生的重要品质。如果在胜利面前却步，往往只会拥抱失败；如果在挫折中坚持，常常会获得新的成功。读过历史的人都知道，《史记》的作者司马迁，在遭受了腐刑之后，发愤继续撰写《史记》，用自己的坚持最终完成了这部光辉著作。很难想象，如果他在中途对自己失去信心，不坚持写作而放弃，那么我们现在又能到哪里去阅读这本巨著呢？也就不可能吸收他的思想精华。美国作家杰克·伦敦的成功就是建立在坚持之上的。他坚持把好的字句抄在纸片上，有的插在镜子缝里，有的别在晒衣绳上，有的放在衣袋里，以便随时记诵。一点一滴的坚持终于让他成功了，他成为一位名人。

　　我们在面对挫折的时候，要做一个勇于坚持的人，不论做什么都要全力以赴，要有明确而必须达到的目标，每次失败时，我们也要学会笑容可掬地站起来，然后下定更大的决心向前迈进。而坚韧勇敢更是伟大人物的特征。没有坚韧勇敢品质的人，不敢抓住机会，更不敢冒险。一遇到困难，他们便会自动退缩，而一获得小小成就，他们便会感到满足。人生总会遇到关口，这时候，会感觉到加倍的软弱和无力，认为自己不行了，便放弃，于是功亏一篑。

　　丘吉尔一生最精彩的演讲，也是他最后的一次演讲，是在剑桥大学的一次毕业典礼上，整个会堂有上万名学生，他们正在等候丘吉尔的出现。正在这时，丘吉尔在他的随从陪同下走进了会场，并慢慢地走向讲台。他脱下他的大衣交给随从，然后又摘下了帽子，默默地注视所有的听众。过了一分钟后，丘吉尔短短地说了几句话："我成功的秘诀有三个：第一是决不放弃；第二是决不、决不放弃；第三是决不、决不、决不能放弃！我的讲演结束了。"丘吉尔说完后穿上了大衣，戴上了帽子，离开了会场，这时整个会场鸦雀无声，一分钟后，掌声雷动。

　　成功者与失败者并没有多大的区别，只不过是失败者走了99步，而成功者走了100步。失败者跌下去的次数比成功者多一次，成功者站起来的次数比失败者多一次。当你走了1000步时，有可能遭到失败，但成功却往往躲在拐角后面，除非你拐了弯，否则你永远不可能成功。唯有经得起风雨及种种考验的人才是最后的胜利者，因此，如果不到最后关头就决不能放弃，永远相信：成功者不放弃，放弃者不成功！

在这个世界上，有阳光，就必定有乌云；有晴天，就必定有风雨。从乌云中解脱出来的阳光比从前更加灿烂，经历过风雨的天空才能绽放出美丽的彩虹。快乐的人生，也会有痛苦，有的人能直面挫折，化解痛苦，而有的人却常常夸大挫折，放大痛苦。不一样的选择，不一样的人生之旅，而要让我们心里的戈壁荒原开满鲜花，就只有直面挫折，而不是放大痛苦。

当挫折站在我们的面前时，我们开始了选择。正如世上没有完全相同的树叶一样，人与人的选择也是不尽相同。我们可以选择放弃挫折，绕道而行，不必为遇到挫折而难过，也不用去付出努力；我们也可以选择迎接挫折，毫无畏惧，虽然我们为此付出了辛勤的劳动，是我们却可以收获许多，有战胜苦难的喜悦与兴奋，有"苦中寻乐"的甜蜜，也有了今后战胜困难的勇气和信心。冰心说："成功的花儿，人们只惊羡它现时的明艳，然而当初它的芽儿浸透了奋斗的泪泉，洒遍了牺牲的细雨。"如果遭遇挫折，仍能以奋斗的英姿与之对抗，那么这样的人生是辉煌的。生命是一朵常开不败的花，那挫折是滋润花的养分，没有经历过挫折的人生是不完整的人生；没有养分的花迟早也会枯萎。

五、幽默带你趟过失败时面子的河

在人生道路上，挫折和失败是常有的事，如果忍受挫折的心理能力得不到提高，则焦虑和紧张就会常常困扰我们的身心。假如你拥有幽默，也就具有了随环境变化不断调节自我心理的有力武器，即可利用幽默减轻生活中因失败带来的痛苦。

有位年轻人，一面查看那辆崭新摩托车被撞后的残骸，一面对周围的人说："唉，我以前总说，有一天能有一辆摩托车就好了。现在我真有了一辆车，而且真的只有一天。"周围的人哈哈大笑起来。对这个年轻人来说，车被撞已无可挽回，但他并没有看得很重，而是利用幽默的力量，既减轻了自身的痛苦和不愉快，又给围观的人带来了一片欢乐。

幽默改变人生，生活对所有人都一视同仁，那些成功者之所以取得了非凡的事业，大都是因为他们能够以微笑面对困难重重的人生，能够以幽默风趣的心态应对人生的风雨历程。

所以，你要想成功，就必须开掘幽默的智慧宝藏，从而改变人生。幽默是风雨人生的处世智慧，生活对所有的人都一视同仁，快乐的人之所以快乐，就是因为他们总是用乐观的心态面对人生的风雨。

对于现在的人们来说，幽默越来越重要，被称为气氛的润滑剂和特定情况下一招制胜的撒手锏。

美国钢琴家波奇有一次在美国密歇根州的福林特城演出，发现全场的座位只坐了不到五成的观众。他当时非常失望，但是他并没有表现出来，而是走向舞台的脚灯，对观众说："福林特这个城市里的人一定很有钱，我看到你们每个人都买了两三个座位的票。"全场观众大笑，演出得以顺利进行。

窘境是我们每一个人都可能遇到的，有的人在这种尴尬的时刻往往会不知所措，但是波奇先生在这里却用幽默的语言，既赢得了到场观众的心，又摆脱了自己的窘境，改变了自己难堪的状况。

一天，英国作家萧伯纳在街上行走，被一个骑自行车的冒失鬼撞倒在地上，幸好没有受伤，只虚惊了一场。骑车的人急忙扶起他，连连道歉，萧伯纳惋惜地说："你的运气不佳，先生，你如果把我撞死了，你就可以名扬四海了！"萧伯纳只一句妙语，就把他和肇事者双方从不愉快的、紧张的窘境中解脱出来了。萧伯纳的幽默不仅使自己给对方留下了难忘的印象，同时又显示了自己的友爱和宽容。萧伯纳的脊椎骨有病，去医院检查。医生对萧伯纳说："有一个办法，从你身上其他部位取下一块骨头来代替那块坏了的脊椎骨，"接着又说，"这手术很困难，我们从来没有做过。"萧伯纳听了医生的介绍后，淡淡地一笑说："好呀！不过请告诉我，你们打算付给我多少手术试验费？"很明显，医生的意思是这次手术所要收取的费用不同一般。如果萧伯纳在这样的场合与医生争论，或表示不满、失望，将会和医生处于对立的局面。而对立的结果，会给双方带来难堪，也会影响双方合作和治疗的效果。但一个很棘手的问题，被萧伯纳运用幽默的手法处理得极其巧妙，避免了不愉快地争执。

幽默是摆脱困境的利器，幽默是严酷现实的融化剂，幽默不仅可以使我们正确面对困难，而且可以帮助我们走出困境、超然解脱。在工作中，在处理与一起共事的同事们的关系中，都需要我们充分使用和发挥幽默的力量。

在第二次世界大战的欧洲战场上，盟军总司令艾森豪威尔到亚琛附近视察一支陷入困境的部队。艾森豪威尔是一个天才的鼓动家，他一番热情洋溢的演讲博得了官兵们的热烈掌声。可是，当他走下讲台时，却不慎摔倒在泥浆里，大家哄然大笑起来。艾森豪威尔没有恼怒。他赶紧从泥浆里爬起来，风趣地说："泥浆告诉我，我的巡视极其成功。"艾森豪威尔的轻松幽默感染了陷入困境的美军官兵，使这支部队的官兵士气大振。一个议员到乡下发表他的竞选演讲。谁知他才讲到一半，许多农民便向他投掷西红柿、鸡蛋、烂水果，以标示反对。议员面对向他抛来的东西和农民的起哄，他镇定自若，一边抹掉身上的污渍，一边说："我也许不清楚你们的难处，但是如果你们同意我当选，我肯定有办法应付过剩的农产品的问题！"幽默就是在关键时刻揭示问题或避免正面的冲突，以积极向上的态度、乐观的情绪、迂回的方式去面对困境。

如果议员正面与农民对抗，他便无法得到承认和理解。正面对抗往往会引起怨恨，使沟通和交流中断；如果他回避问题，那么他的施政方针就永远无法使听众执行。

但是，他以一种幽默的思考方式，去启示对方，让对方以发展、宽容的眼光对待他的纲领，这样，就赢得了对方的理解和信任。

幽默的语言可以使我们的内心从紧张和重压下释放出来，化作轻松的一笑。在沟通中，幽默语言如同润滑剂，可有效地降低人与人之间的摩擦，化解冲突和矛盾，并使我们从容摆脱在沟通中可能遇到的困境。

有位大法官，他的寓所隔壁有个音乐迷，常常把电唱机的音量放大到使人难以忍受的程度。这位法官无法休息，便拿着一把斧子，来到邻居家的门口。他说："我来修修你的电唱机。"音乐迷吓了一跳，急忙表示道歉。法官说："该道歉的是我，你到法庭去告我，瞧，我把凶器都带来了。"说完两人像朋友一样笑开了。

处理这种比较棘手的问题，最好用双方都能接受的方式，而不能为了表达自己的看法而不惜中伤别人，伤了和气，那样，烦恼会增加一倍。幽默能使人急中生智，化解困境，或者从危险的境地脱身而出，创造性地、完美地解决问题。凡是具有较高情绪智力的人，都特别善于用幽默来应付紧急情况。

一位绅士正在餐馆里进餐，忽然发现菜汤里有一只苍蝇。他扬手招来侍者，冷冷地讽刺道："请问，这东西在我的汤里干吗？"

侍者弯下腰，仔细看了半天，回答道："先生，它是在仰泳！"餐馆里的顾客被逗得捧腹大笑。在这种情况下，无论侍者如何解释、道歉，都只能受到尖锐的批评，甚至会引起顾客的愤怒。但是，幽默帮了他的忙，把他从困境中解救出来，使气氛得以缓和。

有一次，英国国王乔治三世到乡下打猎，中午时感觉肚子有些饿了，就到附近的一家小饭店，点了两个鸡蛋暂时充饥。吃完鸡蛋，店主拿来账单。乔治三世看了一眼仆役接过来的账单，很愤怒地说："两个鸡蛋要两英镑！鸡蛋在你们这里一定是非常稀有的吧？"店主毕恭毕敬地回答："不，陛下，鸡蛋在这里并不稀有，国王才稀有。鸡蛋的价格必然要和您的身份相称才行。"乔治三世听完不由哈哈大笑，让仆役付了账离去。惹得龙颜大怒后，店主本来完全有可能一命呜呼，但他幽默的言辞不仅让他保全了性命，还让他多得了一笔收入。

德国诗人海涅是犹太人，在一个晚会上，一个旅行家心怀鬼胎地对海涅说："我发现了一个小岛，你猜猜，这个岛上什么使我感到惊奇？不瞒你说，在这个岛上没有犹太人和驴子。"海涅一听他话中带刺，便冷静地说："那好办，只要我和你一起到岛上去，就可以弥补这个缺陷了，你也不必再惊奇了！"海涅的回答机智、幽默、诙谐，那位不怀好意的旅行家顿时变得哑口无言了。当你遇到急迫而又棘手的问题时，不要惊慌失措，要冷静以待，随机应变，以幽默的方式，让自己临危解难，转危为安。

在生活中，多一点幽默感，少一点气急败坏；多一点乐观豁达，少一点你死我活，以幽默的力量来对待自己的生活与事业，你就会获得幸福。

幽默是快乐的催化剂，幽默是帮我们克服生活中各种困难的良药，幽默给我们带来了无穷的乐趣。生活中的每个人，都应当多一点幽默感，少一点气急败坏、偏执极端，以新的人生观来面对穷困、失意或烦恼的处境，你就会生活得轻松而幸福。

在幽默乐观者的眼里，挫折意味着机会，他们还会把这种健康向上的心态向他们的周围传播开来。乐观的人，随时随地在渴望着成功的来临。他们寻找一切机会，而且是希望得到最好的结果。他们精力旺盛，做事一丝不苟、异常专注，恐惧、焦虑这种种不良情绪与他们是无缘的。美国的杰出作家拉马斯·卡莱尔，就是这样一个幽默乐观的人。

一天，美国的杰出作家拉马斯·卡莱尔的《法兰西革命》一书手稿被女仆误作为引火材料烧毁了。几年辛劳，付诸东流。但作家并没因此消沉，他那对灭顶之灾释然一笑，乐观的胸襟使这位作家战胜了不幸。

后来，他重新一字一句地写完了这本书。后来此书为大众认可，成了经久不衰的名著。以幽默乐观的心态笑对人生的人比起在挫折前悲悲戚戚的人，始终坚信前景美好的人较之心头常常密布阴云的人，更能得到成功的垂青。

1914年12月的一天晚上，爱迪生在新泽西州某市的一家工厂失火，将近100万美元的设备和大部分研究成果被烧得干干净净。

第二天，这位67岁的发明家在他的希望与理想化为灰烬之后，来到现场。大家都用同情和怜悯的眼光看着他，而他却镇定自若地对众人说："灾难也有好处，它把我们所有的错误都烧光了，现在可以重新开始。"

正是这种积极而超凡脱俗的乐观心态和不同的思维方式，使这位大发明家在事业上步步迈向成功。幽默乐观者对于未来常常会有一个计划，总是能够知道自己应往哪个方向去。

所以，我们要成为一个幽默乐观的人，让快乐成为生活中的习惯。如果我们以欢笑为止痛剂来减轻失败的苦痛，我们也能得到乐趣。我们可以适当地使自己处于超然的地位，来观赏我们自身痛苦的情景。你可能一时丢掉了原本属于你的东西，或是毁了一次机会，但是，在精神上绝不能失望毁灭。冷静而达观，愉快而坦然，是成功的催化剂，是另辟蹊径、迎接胜利的法宝。所以，在沉重的打击面前，我们依然要有泰然处之的积极乐观的心态，这样就能战胜沮丧，化坎坷崎岖为康庄大道。

六、懂得取舍让你更快摆脱失败

二十几岁的人常常会为四处碰壁而烦恼，会因为多次的失败而迷茫。失败，这个让世界上所有的人都想拒绝的词，却又常常走进每个人的生活。人们之所以拒绝它，也许是因为人们不愿去面对失败后的苦涩，但人们忘了这一点：失败是成功的先导，失败固然让人生厌，但有时正是那种椎心泣血的苦痛才更让人深省，催人上进。当人们把失败化作一种强大的上进的动力时，它那潜在的价值就会表现出来。

在世界上，谁不希望自己能一步走向成功，可是这现实吗？生活中有多少事能一蹴而就？失败是成功之母。面对失败，我们唯一能做的就是去解决它，而不是逃避。

伟大的科学家牛顿早年曾是永动机的追随者，在进行了大量的实验失败之后，他很失望，但他很明智地退出了对永动机的研究，在力学研究中投入更大的精力。最终，许多永动机的研究者默默而终，牛顿却因摆脱了无谓的研究，而在其他方面脱颖而出。

因此，在一些没有胜算把握和科学根据的前提下，应该见好就收，知难而退。走不通的路，就立即收住脚步，检查其原因，调整原来的方向，从而突破桎梏，延伸视野，拓展新的思考空间。

两个贫苦的樵夫靠上山捡柴糊口。有一天，他们在山里发现两大包棉花。两人喜出望外，棉花的价格高过柴薪数倍，将这两包棉花卖掉，足可供家人一个月衣食无忧。两人各自背了一包棉花，赶路回家。

走着走着，其中一名樵夫眼尖，看到山路上扔着一大捆布，走近细看，竟是上等的细麻布，足足有十多匹之多。他欣喜之余，和同伴商量，一同放下背负的棉花，改背麻布回家。他的同伴却有不同的看法，认为自己背着棉花已走了一大段路，到了这里丢下棉花，觉得枉费自己先前的辛苦，坚持不愿换麻布。先前发现麻布的樵夫劝同伴不听，只得自己竭尽所能地背起麻布，继续前进。

又走了一段路后，背麻布的樵夫望见林中闪闪发光，走近一看，地上竟然散落着数坛黄金，心想这下真的发财了，赶忙邀同伴放下肩头的棉花，改用挑柴的扁担挑黄金。

他的同伴仍不愿丢下棉花，还是那副以免枉费辛苦的论调，并且怀疑那些黄金是不是真的，劝他不要白费力气，免得到头来空欢喜一场。

发现黄金的樵夫只好自己挑了两坛黄金，和背棉花的伙伴赶路回家。两人走到山下时，突然下了一场大雨，两人在空旷处被淋了个透湿。更不幸的是，背棉花的樵夫背上的大包棉花吸足了雨水，重得已无法背动。那樵夫不得已，只能丢下一路舍不得放弃的棉花，空着手和挑金子的同伴回家了。

我们形容顽固不化的人常说他是"一条道走到黑""不撞南墙不回头"。这些人有可能一开始方向就是错误的，他们注定不会成大事。南辕北辙，背道而驰，方向稍有偏差，将会"差之毫厘，谬以千里"。

所以，年轻人需要明白人生有得也有失的道理。人的精力是有限的，不可能在每一个方面都做到最好，而最明智的方法就是要快速做出决定。

工作了两年的肖强开始有了想回家的念头，现在他在大城市里工作，虽然拥有让家乡同龄人羡慕的高薪，但是他并不快乐，相恋多年的女友一直在家里等着自己。女友每日都盼望着能早一点看到他，而他每年只有十天的年假，除去路上耽误的三天，跟女友待在一起的时间也不过七天，况且回家了还有自己的事情要做。

可是一想到回到家乡，那个相对破落的小乡村，他真的很担心，回家后会找不到适合自己的工作，赚不到钱怎么生活？尽管女友一再跟他说，只要两个人在一起，能有口饭吃，其他的都不是那么重要。可是，他还是拿不定主意。放弃城市里自己好不容易建立起来的人际网，放弃自己蒸蒸日上的事业，他怎么也不忍心。

又过了两年，肖强终于下定决心回去了，为了不失去女友，他愿意割舍自己喜欢的工作。可是当他把这个决定告诉女友的时候，女友却告诉他，她早就没有耐心等他了，现在家里已经介绍了一个在当地政府工作的男孩给她，两人正在相处，打算年底就结婚。

这个时候，肖强才感到一种痛彻心扉的疼痛，后悔自己一直都没有下定决心。可是，一切都来不及了。

拖延是一个温柔杀手，只会让你失去很多东西。所以，你必须马上行动起来，而行动的前提是，你必须早做决定，并有承担责任，拿得起，放得下的勇气。

1908年，美国有一个叫希尔的年轻人，接受了一位全国最富有的人的挑战，答应不要一丁点报酬，为这位富翁工作20年。从表面上看，希尔吃了大亏，因为这20年正是他年富力强、最能创造财富的时期，可是，实际上，希尔获得的是远比他应该得到的报酬还要多得多的回报。

事情是这样的。一次，年轻的希尔去采访钢铁大王卡耐基。卡耐基很欣赏希尔的才华，对他说："我向你挑战，此后20年里，你能否把全部时间都用在研究美国人的成功哲学上，然后给出一个答案，但条件是除了写介绍信为你引见这些人，我不会对你有任何经济支持，你肯接受吗？"

虽然没有酬劳，但是希尔相信自己的直觉，接受了挑战。在此后的20年里，他遍访美国最富有的500名成功人士，写出了震惊世界的《成功定律》一书，并成为罗斯福总统的顾问。

"吃得亏"，这就是希尔之所以能成功的全部秘密。希尔后来回忆说："全国最富有的人要我为他工作20年而不给我一丁点报酬。一般人面对这样一个荒谬的建议，肯定会觉得太吃亏而推辞掉，可我没这样干，我认为我要能吃得这个亏，才有不可限量的前途。"

并非所有的便宜都值得庆幸，也并非所有的"亏"都令人难以忍受。一个不能吃亏的人，只会在斤斤计较中丧失更多的资源，得小利而失大利。相反，能吃得亏的人往往打开珍藏在心中的宝藏，在沉淀中有了"厚积薄发"的资本。

或许，有很多人会说，为什么要多吃亏？是自己的就要去争取，是我的一定要拿回来。但是当你为了一点点眼前的利益，与他人斤斤计较的时候，你会发现，其实，你会失去更多。

吃亏就是占便宜！年轻人应该记住这一点，这是积累工作经验、提高自己能力、扩大人际关系网络的最好办法。如果你样样想占便宜，到最后一定会吃亏。

小李在一家公司做速记员，但是公司的秘书非常懒惰，一些原本该秘书做的工作，往往推给小李去做。

有一次，总经理让秘书编写一本公司所有人员的通信录，平时懒惰成性的秘书又把它推给了小李，小李非但没有因为这是额外的工作而竭力推脱，反而很负责任、毫无怨言地编写完毕，并且工整地装订好。

秘书拿着通信录交给总经理时，深知秘书为人和做事风格的总经理仔细看过后，问秘书："这不像是你做出来的吧？"秘书不敢隐瞒，红着脸回答："不是我做的，是小李替我做的……"总经理随即严肃地说："去把小李叫到我这里来！"

就这样，小李得到总经理的赏识。不久后，小李取代了秘书，后来，他又以自己的勤奋与热情，升迁为经理。

在工作中，很多时候，我们面前都有一些看似没有价值的小事摆在面前，没有人去做，或是本不属于自己的任务，需要自己去完成。这个时候不要躲避，不要抱怨，不要计较，更不要以消极悲观的心态去等待、去敷衍。

如果从另一个角度去看，有更多的工作做，是一件非常幸运的事。因为通过做这些额外的工作，不仅能检验你的能力，增加你的处事经验，还能带给你很多提升的机会。

无论做人还是做事，如果你想要的不仅仅是眼前的"便宜"，那么千万不要怕"吃亏"。不要计较你暂时的付出，而要思考在你付出的同时，收获了或将收获什么！

二十几岁的人，在遭遇失败，或者不公的时候，不应该是满腹牢骚，而是应调整心态，让这些失败和不公转变成自己的财富，让自己从中得到收获。

一位绅士接受邀请到另一个地方赴宴，中途必须从一个村庄穿行，他心情愉快地走在乡间小道上。

不料本来红着眼正在相互撕咬的一群狗，停止了撕咬，回过头来龇着獠牙对着绅士咆哮起来。绅士不为所动，继续大步向前走。因为没有受到还击和呵斥，狗儿们似乎得到了鼓励跟在后边一路狂吠。

看热闹的村民纷纷议论、讪笑，终于有人忍不住问他："你这人还有没有一点血性，怎么容忍它们这样猖狂也不回击？太不公平了！"

绅士道："难道人一定要俯下高贵的头颅，将手放在地上，回叫它，才叫作公平吗？"说罢，他大步流星地走出了村庄。

一个人要想获得事业上的成功，首先要有目标，这是人生的起点。没有目标，就没有动力，但这个目标必须是合理的，是合乎实际情况和客观规律的，合乎社会道德的，是一个可以实现的目标。如果不是，那么即使你再有本事，付出千百倍努力，也不会获得成功。

当然，目标应该要符合自身条件。一个人，目标太多也容易迷失自己。而当你在实现自己目标的道路上，也会碰到许多走不通的路，在这个时候，你应当换个角度考虑问题，懂得取舍，把握机会。在人生的每一个关键时刻，要审慎地运用智慧，做最正确的判断，选择正确的方向，同时别忘了及时检视选择的角度，适时调整。

你永远都要告诫自己：不要等到万事俱备以后才去做，这个世界上没有绝对完美的事。如果要等所有条件都具备以后才去做，那么只能永远等待下去。在大多数时候，优柔寡断的人，往往就是因为患得患失，才瞻前顾后，迟迟做不了决定。

七、重整思路，卷土重来

人生宛若在大海中行舟，既有波平浪静之时，也不乏骇浪滔天之日。身处困境之中，如果不想被旋涡恶浪吞噬，那么你的人生之舟就要敢于搏风击浪，冲破险阻。这就需要一种强大的精神力量，一种不畏逆境，敢于从逆境中崛起的气魄。

逆境，对于怯懦的人来说，是一块绊脚石，使他萎靡不前，一蹶不振。对于无畏的强者来说，是一块垫脚石，可以高瞻远瞩、勇往直前。巨浪能使行舟覆灭，但若是没有巨浪，就不会有"乱石穿空,惊涛拍岸,卷起千堆雪"的壮观场面。

司马迁在受挫后爆发,在我国历史文化的长廊中,《史记》大放异彩,它被后人誉为"史家之绝唱,无韵之离骚"。可这部著作却是诞生在牢狱之中。它的作者司马迁在受到宫刑这一灭绝人性的刑罚,在肉体和精神受到重大打击下,仍紧握自己的历史之笔记录下了一件件史事、一桩桩史案,真可谓上下五千年,纵横几万里。

德国著名的音乐家贝多芬在才华横溢之时失去了听觉。这对于一个音乐人来说,无疑是晴天霹雳。但他没有因此而放弃生命,更没有放弃自己钟爱的音乐,他用那份惊人的毅力和执着,为我们谱写了一曲曲动人的乐章,也谱写了他最辉煌的人生篇章。

美国女作家海伦·凯勒自幼失明失聪。这样的打击,对于一个孩子是多么残忍。但是当几乎所有的人都认为她和白痴差不多时,她却在老师的帮助下克服了难以想象的困难,竟然学会了用嘴形说话,用手"听"话,最后以优异的成绩毕业于哈佛大学。挫折使她比常人更懂得珍惜生命。

能在失败后重新站起来,坚持到底的实例还有是亚伯拉罕·林肯。如果你想知道有谁从未放弃,就不必再寻寻觅觅了!

生下来就一贫如洗的林肯,终其一生都在面对挫败,八次选举八次都落选,两次经商失败,甚至还精神崩溃过一次。好多次,他本可以放弃,但他没有如此,也正因为他没有放弃,才成为美国史上最伟大的总统之一。

1816年他的家人被赶出了居住的地方,他必须工作来抚养家人们。

1818年他母亲去世。

1831年经商失败。

1832年竞选州议员——但落选了!

1832年工作也丢了——想就读法学院,但进不去。

1833年向朋友借了一些钱经商,但年底就破产了,接下来他花了17年才把债还清。

1834年再次竞选州议员——赢了!

1835年订婚后就快结婚了,但爱人却死了,因此他的心也碎了!

1836年精神完全崩溃,卧病在床六个月。

1838年争取成为州议员的发言人——没有成功。

1840年争取成为选举人失败了!

1843年参加国会大选——落选了!

1846年再次参加国会大选——这次当选了!前往华盛顿特区,表现可圈可点。

1848年国会议员连任——失败了!

1849年想在自己的州内担任土地局局长的工作——被拒绝了!

1854年竞选美国参议员——落选了!

1856年在党的全国代表大会上争取副总统的提名——得票不到100张。

1860年当选美国总统。

亚伯拉罕·林肯在竞选参议员失败后如是说:"此路破败不堪又容易滑倒。我一只脚滑了一跤,另一只脚也因此而站不稳,但我回过气来告诉自己,这不过是滑一跤,并不是死掉都爬不起来了。"

林肯不屈服命运的精神,给了我们深刻的启示,向挫折挑战,创造佳绩。挫折并不可怕,可怕的是克服挫折的决心,生活中,我们并没有被挫折所打败,而是被自己打败。没有乌云的天空不算深奥,没有暗礁的海洋不算博大,没有坎坷的生活不算美丽,没有挫折的人生不算精彩。

坦然一想,冬只是一段经霜的历程。

只有经住冬的验证的种子,才是坚实的。

只要经住冬的验证的道路,才是长久的。

没有冬的生活,不能说是完整的生活。

没有冬的人生,不能说是丰富的人生。

没有冬的爱情,不能说是阅尽一切的情感。

提起湖北举重,就不能不说廖辉。

从全国冠军到世锦赛冠军,再到北京奥运会冠军,这个仙桃籍小伙子用自己的成绩,给湖北举重注入了新的活力。要知道,从1997年之后的十年间,举重这个项目在湖北基本上处于无人问津的低谷,特别是2005年的兴奋剂丑闻,更是使湖北举重遭受了重创。

2005年1月底,湖北女子举重队6名运动员在训练中集体使用违禁药物并采用冒名顶替参加药检的事情被曝光。

一时间，湖北举重名誉扫地，并几乎遭到毁灭性打击。但湖北举重队并不是就此消沉，而是上上下下开始静下心来总结，把心思放在了运动员平时的训练上，通过科学的训练方法和手段提升运动员的成绩。经过几年不懈的努力，湖北的举重人才也开始崭露头角，廖辉在北京奥运会上夺冠，他们借鉴国家队先进的训练理念和方法来改进他们平时的训练，廖辉也成为湖北举重崛起的标志性人物。

人生需要挑战困境，不要挑战的人生，是黑漆漆的、无声无息的。富有挑战的人生，是绚丽灿烂的。缺乏挑战的人生，是空虚单调的。我们要学会在挑战中历练，在历练中成长，在成长中前进，在前进中成功。

陆游幼年正是民族矛盾尖锐、国势危迫的战乱时期，父亲陆宰是一个具有爱国思想的知识分子，言传身教，使陆游从小就树立了忧国忧民的思想和杀敌报国的壮志。为了效力国家，陆游和其他封建社会的知识分子一样，也走上了科举的道路。

29岁时，他赴京考试，名列奸相秦桧孙子秦埙之上，因此受到秦桧的排挤。直到秦桧死后，陆游方被起用。因他主战抗金，一直遭到朝中主和派的排挤，但他一有机会就上书朝廷，提出许多抗敌救国的策略和政治措施。一些权臣讨厌他，给他加上一些罪名，罢了他的官。

六年后，他到抗战派领袖王炎部下任职。陆游来到前线，演兵习武，提刀跃马，准备与敌人作战，但昏庸的皇帝又听信谗言，把主战的王炎调回临安，陆游也被派往成都。

虽然他杀敌报国的壮志未酬，但他在几十年的风雨生活中，却把自己对祖国的热爱，对抗敌将士的崇敬，对收复失地的决心，对中原父老的怀念，以及对投降派的无比蔑视和憎恨，都写进了他的诗篇。他慷慨悲歌，唱出了那个时代的最强音，成为一个杰出的爱国诗人。

勇敢者坦然面对失败，纠正路线重新投入。任何人都不可能生活在一帆风顺的环境中。甚至可以说，你之所以还没有获得成功，恰是因为你失败得还不够。我们不愿意失败，但我们不能畏惧失败，只要处理得当，它就会成为导师，使你对自己的力量和缺陷有所了解，让你吸取教训，站起来，继续前进。流星很美，美在它的进取，即使在生命尽头，还迸发出一瞬间的辉煌。我们不应该因为一点挫折就轻言放弃，不思进取。没有付出哪来收获？更不必为了挫折而伤感，假若没有那份痛苦，又哪里来的成熟？假若没有那份无奈，又怎样懂得珍惜？成功，有时并不一定要拿别人作为参照，永不放弃，超越自己，本身就是一种成功。

爱迪生一生中有多少个发明？1328种。最有名的就是电灯泡。从1869年到1901年，他取得了1328项发明专利。在他的一生中，平均每15天就有一项新发明，他因此被誉为"发明大王"。

但没有多少人知道，在爱迪生还是个孩子时，他的老师就下结论：爱迪生是个傻瓜，将来绝对不会有前途。

这是老师眼里的爱迪生。但爱迪生的妈妈怎么说？爱迪生的妈妈说，这个老师才是个傻瓜，爱迪生不是。于是爱迪生就退学了，她妈妈自己教他。

在母亲的指导下，他阅读了大量书籍，并在家中自己建了一个小实验室。为筹集实验室的必要开支，他只得外出打工，当报童卖报纸。最后用积攒的钱在火车的废弃行李车厢里建了个小实验室，继续做实验研究。

有一天化学药品起火，几乎把这个车厢烧掉。暴怒的行李员把爱迪生的实验设备都扔下车去，还打了他几记耳光，据说爱迪生因此终身致聋。

但他并没有放弃，他为了寻找灯丝，实验了数千种材料；为了自制一种新的蓄电池，失败了8000多次。所以爱迪生总结自己的成功时，感慨万千地说："天才是1%的灵感加上99%的勤奋。"

有一则故事，讲的是美国历史上第34任总统艾森豪威尔年轻时候的一件小事。一天晚饭后，年轻的艾森豪威尔跟家人一起玩纸牌游戏，连续几次都抓了一手很差的牌，他开始抱怨手气不好。妈妈停了下来，正色地对他说道："如果你真要玩牌，就必须用你手中的牌玩下去，不管那些牌怎样！"

他愣了愣，母亲又说道："人生也是如此，不管是怎样的牌，你都必须拿着。你能做的就是竭尽全力，求得最好的效果。"

很多年过去了，艾森豪威尔一直牢记着母亲的这番教导，从来没有抱怨过命运。相反，他总是以积极、乐观的态度去迎接命运的挑战，竭尽全力做好每一件事情。

这就是自我暗示的功效。人生就好比打牌，我们不可能处处都能得到好牌，我们能做的就是将手里的牌精心打下去，即使那手牌再差、再糟糕，也应该努力打出自己的水平。只要我们尽心尽力去打，差牌未必就会输。

就这样，艾森豪威尔从一个默默无闻的平民家庭走出去，一步一步地成为中校、盟军统帅，最终成为美国历史上第34任总统。

如何从失败中获得勇气？答案是：我们的眼里看到碌碌无为的人，我们就碌碌无为；我们的眼里看到意志坚强的人，我们就意志坚强！

重整思路，卷土重来。在滔滔的人生长河中，浪潮滚滚向前，激起朵朵浪花，发出涛声时而重时而轻，时而远时而近，虽有无尽的阻挡前进的悬崖峭壁，但不变的却是自己始终伴随在这历史长河中，战胜一切险阻与困苦，永远与生活共舞的心灵！只要自己有一颗战胜一切险阻与困苦的心，我们就算暂时失败，但它却是永远的不败！走出挫折，不但有利于事业成功，更有利于自己成长。

八、永葆积极心态

二十几岁的年轻人特别喜欢一句话："幸福就是猫吃鱼、狗吃肉，奥特曼打小怪兽。"一万个人对幸福有一万种理解。很多刚刚毕业的年轻人都会处于何去何从、前途未卜的十字路口，这是人生决定性时刻。决定性的选择需要果断和勇气。这果断和勇气，有猜测和赌博的成分，但更多来自知识和智慧地判断。

出路在哪里？出路在于思路！

字典里对"出路"的解释是：前途，发展的方向。对"思路"的解释是：思想的门径，思维的条理脉络。出路的范畴更大，主要指的是一个方向，而思路则具体到路径与脉络。也就是说，思路其实就是思考的线索。

很多人找不到方向，不知道未来的出路在哪里，应该怎么走。其实，没有钱、没有经验、没有阅历、没有社会关系，这些都不可怕。没有钱，可以通过辛勤劳动去赚；没有经验，可以通过实践操作去总结；没有阅历，可以一步一步去积累；没有社会关系，可以一点一点去编织。但是，没有梦想、没有思路才是最可怕的，才让人感到恐惧，很想逃避！

华人首富李嘉诚是一个伟大的实业家，他以5万港元起家，以惊人速度发展壮大，直至建立起遍及亚、美、欧三个大陆的庞大的商业帝国，其举手投足已经足以影响全球。那么，他是靠什么一步步取得今天这样的成就？靠的就是未雨绸缪、敢闯敢拼的心态，良好的心态成就了今日纵横捭阖、左右天下商界的李嘉诚。

早期经营塑胶花的成功，坚定了李嘉诚建立伟业的雄心。当然，他也不会草率摈弃塑胶业。在其后十余年间，他在塑胶领域继续处于领先地位，为他开创新事业积累了数千万港元的资金。

李嘉诚总是脚踏实地向既定目标迈进，他不会鲁莽行事，每一个重大举措,都要经过长时间的深思熟虑、周密调查。

1958年,李嘉诚在繁盛的工业区——北角购地兴建两座12层的工业大厦。1960年,他又在新兴工业区——港岛东北角的柴湾兴建工业大厦,两座大厦的面积共计12万平方英尺。

当时,地产业已经开始实行按揭销售,这种办法使普通百姓也买得起楼,所以楼宇销售很是兴旺,而李嘉诚则选择盖楼收租,取得经常性稳定收入。

但是,李嘉诚绝不是谨小慎微、魄力不足的人,到了资金充足、形势看好的时候,他不但敢于冒险,而且一鸣惊人,一飞冲天。

1971年6月,李嘉诚成立长江地产有限公司,集中物力、财力、精力发展房地产业。

在第一次公司高层会议上,李嘉诚踌躇满志地提出:要以置地公司为奋斗目标,不仅要学习置地的成功经验,还要超过置地的规模。

香港置地有限公司,是1889年由英商保罗·遮打与怡和洋行杰姆·凯瑟克合资创办的,当时注册资本500万港元,为全港最大的公司。经过半个多世纪的发展,置地跻身全球三大地产公司之列,在香港处于绝对霸主地位。除地产外,置地还兼营酒店餐饮、食品销售,业务基地以香港为主,辐射亚太14个国家和地区。

李嘉诚话音刚落,股东们响起一片嘘声,李嘉诚手下的部门领导疑虑重重。其中一位站起来质疑:"与置地等地产公司相比,'长江'还只能算小型公司,如何竞争得过地产巨无霸(置地)呢?""能!"李嘉诚充满自信地说道,"世界上任何一家大型公司,都是由小到大、从弱到强发展而来的。赫赫有名的遮打爵士由英国初来中国香港时,只是个默默无闻的贫寒之士,他靠勤勉、精明和机遇,发展成巨富,创九仓(九龙仓)、建置地、办港灯(香港电灯公司)。我们做任何事,都应有一番雄心大志,立下远大目标,才有压力和动力。"

"当然,目前'长江'的实力,远不可与置地同日而语,但我们可以先学习置地的经营经验,置地能屹立半个多世纪不倒,得益于它以收租物业为主、发展物业为次的方针。'置地'不求近利,注重长期投资。今后,'长江'也将以收租物业为主。"

"'置地'的基地在中区,中区的物业已发展到极限,寸金难得寸土,而是寸土尺金。'长江'的资金储备,自然还不敢到中区去拓展,但我们可以到发展前景大、地价较低的市区边缘和新兴市镇去拓展。待资金雄厚了,再与置地正面交锋。"

"记得先父生前曾与我谈'久盛必衰'的道理,我常常以此话去验证世间发生的事,多有验证。久居香港地产巨无霸的'置地',近十年来,发展业绩并非尽如人意,势头远不及地产后起之秀'太古洋行'。我们'长江',草创时寄人篱下栖身,连借来的资金合计才5万港元,物业从无到有,达35万平方英尺。现在我们集中发展房地产,增长速度将会更快。因此,超越'置地',是完全有可能的。"李嘉诚并非夜郎自大，说大话空话，而是有的放矢，把"置地"当成靶子，在心理上先把"置地""吃"透。他通过父亲讲的"久盛必衰"的话，对地产巨无霸"置地"的衰落征兆，做出了正确的估计。

对不了解李嘉诚的人来说，认为他提出赶超"置地"的口号，只是勇气可嘉而已。但后来的事实证明，李嘉诚提出这一口号，绝非异想天开。

在激烈的商战中，李嘉诚对自己的事业始终有正确的把握。他强调灵活变通的重要性，在塑胶业市场趋于萎靡之际，果断地做出进军房地产的决策，充分显示了他随机应变、不拘一格的经商心态。

被奉为日本战后经济复兴头等功臣的美国管理大师戴明博士，因为成功地引导并塑造了日本企业家的心态，而使得日本企业界管理层的管理水平大步提升，从而带领日本经济快速走出低谷。

他指出日本企业界首先认识到高质量的产品不会增加成本，反而会减少成本。为了生产高质量的产品，开始成本可能会高，但科学化、规范化后，成本就不会很高了，而且由于保证了质量，次品会减少，顾客也会更喜欢，所以成本反而会降低。

戴明还认为检查不重要。当产品检查出质量问题时，已经太晚了。检查的目的是找出问题，改善流程，只有不断地改善各个环节，才能保证生产出高质量的产品。所以检查只是手段，而不是目的。

更重要的是，戴明博士在日本企业家中倡导了一种心态。那就是要永远不断地追求改善，每天进步一点点。现在这种精神已经成为日本企业的标志。

荷马史诗《奥德赛》中有一句至理名言："没有比漫无目的地徘徊更令人无法忍受的了。"毕业后这五年里的迷茫，会造成十年后的恐慌，二十年后的挣扎，甚至一辈子的平庸。如果不能在毕业这五年尽快冲出困惑、走出迷雾，我们实在是无颜面对十年后、二十年后的自己。

毕业这五年里的困惑，大家都会经历，差别在于有的人很快就走出了困惑，找到了人生的方向，有的人却一直在迷雾中不停地绕弯弯。同样是5年的青春岁月，有的人活得充充实实、清清楚楚，有的人却过得了无生趣、迷迷糊糊。于是，他们的人生差距就在这里悄然拉开了。关于未来，充满了太多的不确定，但人生也正是因为这种不确定而显得有意义。

印度前总理尼赫鲁说过："生活就像是玩扑克，发到手里的牌是定了的，但你的打法却完全取决于自己的意志。"没错，发牌是随机的，我们分到什么就是什么，没有任何选择的余地和更换的可能性。当你拿到不好的牌时，不要一味抱怨，因为这没有半点儿用处，也不会因为你的抱怨而令现状有所改变。你能做的，就是调整自己的心情，将自己手中不好的甚至糟糕的牌优化组合，并力求把每张牌都打好。

二十几岁,我们既有很多的不确定,也有很多的可能性。

二十几岁,我们既有很多的待定,也有很多的决定。

迷茫与困惑谁都会经历,恐惧与逃避谁都曾经有过,但不要把迷茫与困惑当作可以自我放弃、甘于平庸的借口,更不要成为祭奠失意的苦酒。生命需要自己去承担,命运更需要自己去把握。在毕业这五年里,越早找到方向,越早走出困惑,就越容易在人生道路上取得成就、创造精彩。

无头苍蝇找不到方向,才会四处碰壁;一个人找不到出路,才会迷茫、恐惧。

生活中,面对困境,我们常常会有走投无路的感觉。不要气馁,坚持下去,要相信年轻的人生没有绝路,困境在前方,希望在拐角。只要我们有了正确的思路,就一定能少走弯路,找到出路!

也许你担心正处于起点,但要相信命运有拐点。

长辈们常常教育我们,不要把人生输在起跑线上,因此我们相信起点决定了一个人的成败,起点越高越容易成功,起点越低成功的概率越小。其实不然,起点固然重要,真正决定人生走向的却是更多的拐点。

人生也许会有很多个起点,但也有更多的拐点。

我们现在在干什么,不代表我们将来还要干什么。

我们现在是什么人,不代表我们将来就是什么人。

大学毕业以后,我们都站在人生的一个新起点上,一切都要从零开始。也许很艰辛，但一定要相信命运之神就在不远的拐角处等着我们。

成功的人不是赢在起点，而是赢在转折点。

很多年前的一天，在南方沿海的一个渔岛，一个婴儿呱呱坠地，那是他人生的起点。随着年龄增长，他感觉这个地方比较偏僻，天地非常狭小。看着书上和电视里提到的精彩世界，他除了羡慕之外，心里还有一种暗暗的失落：难道我的人生只能和身边大部分人一样，靠着种那三亩田、打那七方鱼过完一辈子？难道我的人生起点和终点只能这么单一？

怎么办？命运在哪里转折？很简单，知识改变命运！

在农村，长久以来，读书被每个农民子女看成鱼跃"农"门的唯一途径。于是，他通过努力考到北京上大学，一下子觉得"海阔凭鱼跃"，视野开阔了很多。大学前两年，他和大多数同学一样，过着60分万岁的日子。随着时间流逝，初来北京的那种热情与新鲜逐渐退去，取而代之的是对未来的恐慌。现在找工作这么难，怎么办？就读的学校不是名牌大学，怎么办？未来到底要做什么呢？

又到了关乎命运的节点上了。有没有可能出现转折呢？

大三下学期，拐点出现了。他的一位师兄所在的单位需要招一名兼职，师兄把这个消息告诉了他。因为他们专业比较特殊，大三下学期基本上没什么课了，他也不想再这么"耗"下去了，于是，在一个寒冷的冬日早上，他跟着师兄到了公司。他的人生就在这里转变了。他把这里当作一个新的平台，努力展示着自己的才华，只要能做的他都去做。虽然很忙、很累，但是成长得很快，后来终于当上了小中层领导。

就这样过了一年，到了大学毕业的关口，又需要进行抉择了。是去寻找新的起点，还是继续留下来，在这个起点上积累更大的成绩？年轻人很矛盾。这一年多来，他对这个行业、对这份工作已经有了一些独立的思考，可现实却让他感到很困惑甚至痛苦。

他给大学毕业论文导师发了一封邮件，详细讲述了自己的苦恼：这个行业在我心中曾经很神圣，但是现在很多事实却让人感到庸俗，周围的环境和事物的运行规律与想象中完全不同，我感到很无力，也不知道该怎么办……

导师回信了，在信中给他讲了一个小故事。

从前，有一只鹰蛋不小心落到了鸡窝里，被当成鸡孵了出来。从出生那天起，它就与鸡窝里的兄弟姐妹们不一样：没有五彩斑斓的羽毛，不会用泥灰为自己洗澡，不会三啄两扒就从土里刨出一只小虫来。矮小的鸡窝总是碰它的头，而小鸡们总是笑它笨。它对自己失望极了，于是跑到悬崖上，想跳下去结束自己的生命。就在它纵身跃下时，它本能地展开了翅膀，结果飞上了蓝天。它这才发现，自己原来是一只鹰，鸡窝和虫子不属于它。

你没有必要因为自己是一只鹰而感到羞愧！

看了这封回信，他心中豁然开朗起来。

毕业之后，他不再因为对别人的不认同而痛苦、绝望，甚至扭曲自己。

在接下来的几年里，他改变思维、转变心态，同时不断提升自己的能力，踏踏实实地做好每一件事。导师在信末尾的那句话，也成了他的座右铭。

香港特别行政区第一任行政长官董建华的父亲董浩云是香港鼎鼎有名的"船王"。董建华大学毕业后，舆论认为董浩云必然会安排儿子去美国继续深造，或回香港在董家的"海运王国"里执掌要职，为自己分担经营管理上的压力。然而出乎人们意料的是，董浩云却要董建华到美国通用汽车公司去当一名普通的基层职员。

董浩云与董建华之间有过这样一段谈话。

董浩云问："儿子，你能明白我为什么要让你进通用吗？"

董建华回答："我明白。因为通用是全球最大的汽车公司，其总裁阿尔弗德雷·斯隆创立的现代企业管理制度，我想肯定也适用于我们这个国际型的航运企业。我相信在通用可以学到很多东西。"

董浩云点点头并补充道："我并不怀疑你是一个有理想的人，但我担心你的刻苦精神不够。你必须自己主动去找苦吃，磨炼自己的意志，接受生活的挑战，所以你必须全面锻炼自己，从最底层做起。只有先当好一名普通职员，日后才明白应该怎样对待你的下属，在这以后，你才能充分考虑学习别人的经验，为将来开创新事业打下良好的基础。"

董建华听从父亲的安排，在通用汽车公司勤勤恳恳工作了四年。

不少刚刚毕业的年轻人，总是奢望马上就能找到自己理想中的工作。然而，很多好工作是无法等来的，你必须选择一份工作作为历练。职业旅程中的第一份工作，无疑是踏入社会这所大学的起点。也许你找了一份差强人意的工作，那么从这里出发，好好地沉淀自己，从这份工作中汲取到有价值的营养，厚积薄发。千里之行，始于足下，只要出发，就有希望到达终点。

起点可以相同，但是选择了不同的拐点，终点就会大大不同！

人生需要起步，更需要懂得在关键时候起跳，才能在舞台上翩翩起舞！

迈出脚步的大小不重要，重要的是脚步的方向，勤奋的双脚一定要行走在正确的道路上，并且懂得在需要拐弯的地方拐弯，需要上坡的地方上坡，需要下河的地方下河！

心理学家认为，一个人要想成功必须首先培养健全的心态。心态是我们唯一能完全掌握的东西，学会控制自己的心态，并且利用积极的因素来引导它、激励它。

大多数人失败并非由于才智平庸，也不是因为时运不济，而是由于在人生长跑中没有保持一种健康的心态，使得自己最终无法触摸到成功的终点线。与其说他们是在与别人的竞争中失利，不如说他们输给了自己不成熟的心态。塑造自己的成功者心态，才能到达成功的彼岸。否则，你将一事无成。

成功是一种心态，心态决定一切。"一个健全的心态，比一百种智慧都更有力量！"英国著名的文豪狄更斯如是说。每个人成功的机会都是均等的，但心态的好坏则直接支配并决定着最后的成与败。学会用健康的心态和智慧改变你的一生，为你的生命增光添彩。

心理学专家认为，心态是一个人真正的主人。这正如一位伟人所说："要么你去驾驭生命，要么是生命驾驭你。你的心态决定谁是坐骑，谁是骑师。"有些人总是比其他的人更容易成功，拥有更多的机遇、财富、社会资源，享有高品质的人生，似乎他们得到了成功的特别垂青。其实，人与人之间并没有太大的区别，决定成败的关键在于人的"心态"。

人必须有一个正确的方向，无论你多么意气风发，无论你多么足智多谋，无论你花费了多大的心血，如果没有一个明确的方向，就会过得很茫然，渐渐就丧失了斗志，忘却了最初的梦想，就会走上弯路甚至不归路，枉费了自己的聪明才智，误了自己的青春年华。

永不满足已有的成就，以更大的热情去获取更大的成功，不断给自己加压，不断给自己创造成功的机会，正是这种昂扬的心态，才能使自己的人生不断提升高度。

九、头脑风暴能减少失败风暴

头脑风暴法又称智力激励法,是美国现代创造学奠基人奥斯本提出的,是一种创造能力的集体训练法。

楚襄王做太子时,在齐国做人质。他父亲怀王死了,太子便向齐王提出要回楚国去,齐王不许,说:"你要给我割让东地500里,我才放你回去,否则,不放你回去。"太子说:"我有个师傅,让我找他问一问。"太子的师傅慎子说:"您答应给齐国割让东地500里吧!土地是为了安身的,因为爱地,而不为父亲送葬,这是不道义的。所以,我说献地对你有利。"太子便答复齐王,说:"我敬献出东地500里。"齐王这才放太子回国。

太子回到楚国,即位为王。齐国派了使车50辆,来楚国索要东地500里。楚王告诉慎子,说:"齐国派使臣来索取东地,该怎么办呢?"慎子说:"大王明天召见群臣,让大家来想办法吧!"

于是,上柱国子良来拜见楚王,楚王说:"我能够回到楚国来办父亲的丧事,又能和群臣再次见面,使国家恢复正常,是因为我答应了给齐国割让东地500里。现在齐国派使臣办理交接手续,这可怎么办呢?"子良说:"大王不能不给,您说话一字千金,既然亲口答应了,却又不肯割地,这就失去了信用,将来您很难和诸侯各国谈判结盟。应该先答应给齐国割让东地,然后再出兵攻打齐国。割地,是守信用;攻齐,是不示弱。所以我觉得应该割地。"

子良出朝后,昭常拜见楚王。楚王说:"齐国派了使臣来,要求割让东地500里,该如何办呢?"昭常说:"不能给。所谓万乘大国,是因为土地广博才成为万乘大国的。如果要割让东地500里,这是割让了东国的一半啊!这样楚国虽有万乘之名,却无万乘之实了。所以我说不能给,我愿坚守东地。"

昭常出朝后,景鲤拜见楚王。楚王说:"齐国派了使臣来,要求割让东地500里,该怎么办呢?"景鲤说:"不能给。不过,楚国不能单独守住东地,大王说话一字千金,既然亲口答应了,而又不给割地,这就在诸侯面前违背了大义。楚国既然不能单独守住东地,我愿去求救于秦国。"

景鲤出朝后,慎子进去。楚王把三个大夫出的主意都告诉了慎子,说:"子良说:'不能不给,给了以后再出兵去进攻齐国。'昭常说:'不能给,我愿去守卫东地。'景鲤说:'不能给,既然楚国不能单独守住东地,我愿意去求救于秦国。'我不知道他们三个人出的主意,到底采用谁的好?"慎子回答说:"大王都采用。"楚王怒容满面地说:"这是什么意思?"

慎子说:"请让我说出我的道理,大王将会知道确实如此。大王您先派遣上柱国子良带上兵车50辆,到齐国去进献东地500里。在派遣子良的第二天,任命昭常为大司马,要他去守卫东地。派遣昭常的第二天,派景鲤带领战车50辆,往西去秦国求救。"楚王说:"好。"于是派子良到齐国去献地,在派子良的第二天,又立昭常为大司马,要他去守卫东地,还派遣景鲤去秦国求救。

子良到了齐国,齐国派武装来接受东地。昭常回答齐国使臣说:"我是主管东地的大司马,要与东地共存亡,我已动员了从小孩到60岁的老人全部入伍,共30多万人,虽然我们的铠甲破旧,武器也不精良,但愿意奉陪到底。"齐王对子良说:"您来献地,昭常却守卫东地,这是怎么回事呢?"子良说:"我是受了敝国大王之命来进献东地的。昭常守卫东地,这是他假传王命,大王可以去进攻他。"齐王于是大举进攻东地,讨伐昭常。当大军还未到达东地边界时,秦国已经派了50万大军进逼齐国的西境,说:"你们扣押了楚太子,不让回国,这是不讲仁道;又想抢夺楚国东地500里,这是不讲正义。你们如果收兵则罢,不然,我们等着决战一场。"

齐王听了害怕,就请求子良去告诉楚国,两国讲和。又派人出使秦国,声明不进攻楚国,从而解除了齐国的战祸。楚国不用一兵一卒,确保了东地的安全。

楚襄王在齐国做人质,脱离虎口是第一位的,其他的事情等自身安全有所凭依时再考虑不迟。所以慎子让楚襄王答应割地的决策是正确的。我们在日常生活中也会碰到这样的难题,这时只能"两害相权取其轻",先解决第一位的事,其他的事只能徐缓图之。

慎子集思广益、归纳总结、博采众长的决策功夫值得学习,这次慎子的特点在于他几乎采纳了所有人的观点,只不过整体上将各观点进行了排列组合。在处理一些大事、难事时,决策者一定要集合众人的思路和点子，采用"头脑风暴法"，让每个人献计献策、畅所欲言。"三个臭皮匠，顶个诸葛亮"，就说明众人的智慧产生的合力还是巨大的。每个人有不同的立场、角度和思路，将众人的观点集合起来，进行选择和整合，就可以有解决问题的良策出来。

水击产生涟漪，石击产生火花。思想与思想的碰撞，会激发新的思想；智慧与智慧的碰撞，会引发新的智慧。一粒种子萌芽，会收获丰硕的果实；一个火花点燃，会燃起熊熊烈火。利用集体的智慧，通过互相交流、启发和激励而产生新思想的方法，这就是头脑风暴法。

俗话说："三个臭皮匠，顶个诸葛亮。"一个人的智慧不够用，两个人的智慧用不完。集体的智慧无穷尽，集体的大脑是智慧库、思想库。在思维的领域中，一加一大于二，大于三。我提出一个想法，你提出一个想法，你增加了一个想法，我也增加了一个想法。你提出一个办法，我提出一个办法，你想起了许多新的办法，我也想起了许多新的办法。

智慧的碰撞好比播种，它能萌发新的智慧。智慧的碰撞好比催化剂，它会引发大脑思维的连锁反应。一个智慧，可以引发一群智慧；一个小点子，可以收获一大堆智慧果。一个朦胧的想法，可能催生一项成功的发明和创造。

有一年，美国北部下大雪，积雪压断了高压电线，造成巨大损失。为此美国通用电力公司召开会议，以期通过集体智慧找出解决方案。参加会议的都是不同专业的技术人员，在宣布会议的原则和目的后，大家便七嘴八舌地议论开来。有人提议用线路加温器消融积雪，有人则提议安装振荡器抖掉积雪，有人提议设计一种专用的电线清雪机清除积雪，也有人幽默地提出："能不能带上几把大扫帚，乘坐直升飞机去清扫电线上的积雪？"对于那种"坐直升飞机扫雪"的设想，大家心里尽管觉得滑稽可笑，但在会上也无人提出批评。相反，有一名工程师在百思不得其解时，听到用飞机扫雪的想法以后，大脑突然撞击出思想的火花，一种简单可行且高效率的清雪方法冒了出来。他想，每当大雪过后，出动直升飞机沿积雪严重的电线飞行，依靠高速旋转的螺旋桨即可将电线上的积雪迅速扇落。他马上提出用"直升飞机扇雪"的新设想，顿时又引起其他与会者的联想，有关用直升飞机扇雪的主意一下子又多了七八条。不到一小时，与会的10名技术人员共提供出90多条新设想。

会后，公司组织专家对设想进行分类论证。专家们认为设计专用清雪机、采用电热或电磁振荡等方法清除电线上的积雪在技术上虽然可行，但研制费用大，周期长，一时难以见效。那种因"坐飞机扫雪"激发出来的几种设想，倒是一种大胆的新方案。如果可行，将是一种既简单又高效的好办法。经过现场试验，发现用直升飞机扇雪真能奏效，一个久悬未决的难题，终于在思想碰撞中得到了巧妙解决。

面对任何难题，千万别说不可能，因为不是不可能，最多只是我们暂时还没有找到方法而已。头脑风暴让每一个人的思维都能得到最大限度的开拓，能有效开阔思路，激发灵感。

面对任何难题，举重若轻。对于熟练掌握"头脑风暴法"的人来讲，再也不必一个人冥思苦想，孤独"求索"了。如果你害怕拒绝和失败，你就会有更大的可能遭遇拒绝和失败。头脑风暴让你减少失败风暴，勇敢一点！这是头脑风暴的金科玉律之一。你可能会想出一个完全不现实的怪异的点子，但是如果你想想这个怪异点子积极的方面，你就会发现你的思路到了一个前所未有的开阔境地。

第四章

主动设计几次失败

没错,我是说,主动为你的生活或工作设计一次甚至十次失败,当然,主动选择的失败是可控的、无关大局的,而你最终拥有的,是决定性的成功和整个人生的辉煌。

一、被动遭遇失败不如主动设计失败

有谁会像祈祷成功一样祈祷失败？如果那样的话，那个人一定是傻子。但是，如果你想成功，我想告诉你，在二十几岁的时候，你可以当一回那样的傻子，给自己设计几次失败。

成功者之所以是成功者，绝不仅仅是天赋，或者运气，而是他们拥有积极的心态，相信自己而不是迷信命运，勇于挑战而不是一蹶不振，敢想敢做而不是碌碌无为。他们永远跟自己赛跑，故能不断超越自己再创新高。成功者看重行动，想到就做到，决不陷入空想的境地，决不为自己的失败找借口。再接再厉，是他们的品格；决不气馁，是他们的风骨。他们专注，故能全力以赴；他们细心，故能首战告捷，百战百胜。他们不仅能积极面对突袭而来的失败，更能在特定的时候为自己设置一些障碍，让自己在这种种障碍中得到更多的宝贵经验，以让自己更好地走向成功。

陈道森刚从机械学院毕业时，被分入一家颇有名的机械制造厂工作。在学校时，他就对机械设计有非常高的热情和天赋，也小有成绩。本指望着一进厂就受到重用，可是带他的师傅却把他分配到基层工厂。

一开始，他觉得这完全是欺负新人，埋没了他的能力，来这家厂子就是上了当、吃了亏，懊悔不已。可是很快他就发现，自己徒有一番理论知识，而对于实际的运行和生产流程毫无所知。他很快调整了心态，求知欲望被激发了，他开始努力工作，即使是那些老工人刻意地使唤，他也欣然接受。他这种敢于吃亏、甘于吃亏的精神最终给了他丰厚的回报，他一步步从生产线走向设计岗位，从设计岗位走向管理层。

后来这位成功人士把他的理念告诉那些如同他当年一般稚嫩的青年员工时，他们无不流露出吃惊和怀疑的表情。

在职业生涯中，一个能接受吃亏的员工能逐渐成才，逐渐晋升。聪明人从不会为了一点点未得到的利益而叫屈，从不会为了一点点分外的工作而抱怨。说小一些，不为小利计较的人才值得褒奖；说大一些，忍辱负重的人方能成大器。

"明知山有虎，偏向虎山行"是一句耳熟能详的谚语，但并不是每个人都有这样勇往直前的勇气。有的人听说山中有虎，吓得胆战心惊，立马扭头回去或者绕道而行。像武松那样的人，偏偏不信邪，走上山去打死老虎为民除害，于是成为人人称颂的打虎英雄。

大而化之，生活中处处有"老虎"，处处有困难，尤其是正在寻求事业发展的人，更是面临着种种挑战和压力。面对前路坎坷，你将怎样选择？

你可以怀疑未来，可以怀疑成功的可能性，但是你决不可以怀疑自己。因为一旦丧失了信心，就会丧失一切把握未来的能力。也正是这一点，使得众多追梦人中，有的成功实现梦想，而有的则无功而返。能不能顺利到达终点，并不完全取决于能力的差别，更多的还是在于心态的差别。

　　成功者视挫折为挑战，视失败为教训，视困难为锻炼；而失败者只会在挫折面前哀叹，只会在失败面前垂头，只会在困难面前却步。

　　成功者和失败者的差别，就在于遇到障碍时，是毫不犹豫地冲过去，还是磨磨蹭蹭掉转头走回头路；成功者和失败者的差别，就在于面对未来的迷茫和未知时，是坚信自己、坚信理想而勇往直前，还是怀疑能力、怀疑未来而故步自封。

　　曾获"普利策奖"的记者伍德沃德现在早已是知名人物，可是谁想得到他当年差点连进入新闻界的机会都没有呢？

　　当他刚刚开始自己的职业生涯时，就一心想进入《华盛顿邮报》做一名记者。当时，主管编辑部工作的喻利实在看不出这个小伙子有什么过人之处，就让自己的助手先安排他不带薪水实习两个星期。两个星期很快就过去了，伍德沃德虽然干得很卖力，但采写的17篇稿子一篇也没见报。他被报社辞退了。

　　无奈的伍德沃德只得在华盛顿附近的蒙特哥莫瑞找了一份工作，但他不甘心自己的命运被这两个星期的试用扼杀。没多久，他开始频频给喻利打电话，希望再给他一次机会。一次，正在度假的喻利又接到伍德沃德的电话，他不堪忍受伍德沃德的纠缠，禁不住大发脾气。倒是他的妻子冷静地说："你难道不认为这正是一个好记者必须具备的素质吗？"应该说，喻利是明智的，他听了妻子的话，让伍德沃德回到了《华盛顿邮报》。

对"水门事件"的报道使得他成为家喻户晓的记者,可是倘若伍德沃德在最初被《华盛顿邮报》拒绝之后就自暴自弃、不再涉足新闻界,倘若他在离开邮报之后不再努力追逐自己的新闻梦,那么新闻界将永远不会留下这个传奇的名字。

机会只偏爱那些不懈努力、不言放弃的人。因为在众多能力相当的选手中,他们具有出众的勇气和毅力,所以在面临考验的时候,他们能够不被吓倒、不退却,勇往直前赢得属于自己的成功。

成功者和失败者的差别不仅在于面临困难时能否战胜困难、积极乐观地前进,更在于他们能否主动选择挑战以磨炼自己。成功者在困难面前不仅是"兵来将挡,水来土掩"的好手,更是知难而进,敢于第一个吃螃蟹,敢于为天下先的勇者。选择挑战便是选择成长,只有那些敢于挑战自我的人,才能不断前进。

瑞贝卡进入时尚杂志社出乎很多人的意料:一方面她的专业是新闻编辑,对于时尚可谓一窍不通;另一方面,她本身相貌平平,在美女如云的时尚杂志社里,显得格格不入。开始时,很多朋友不理解她的选择,好心地劝她另择高就。但是,在这样一片怀疑的目光中,瑞贝卡开始了困难重重的工作。

主编并不相信她的工作能力,只是暂时找不到合适人选,才临时让她做一阵。所以不管发生多么小的错误,主编总会嗤之以鼻,冷嘲热讽。可是瑞贝卡并没有灰心,她相信自己曾经在新闻编辑岗位上做出的成绩,因此绝不怀疑自己做一名主编助理的能力,不仅能够在主编苛刻的要求下完成自己的任务,还常常想出新奇的点子，让主编也不得不刮目相看。

　　由于她是新进人员，难以融入同事们早已经建立好的关系圈，并且在这个瞬息万变的时尚界，似乎自始至终都缺乏一种待人的亲切感。可是她对于这尴尬的人际关系并没有望而却步。她迅速调整自己的状态，使得在外形上、品位上与周围人形成一样的格调，甚至使美女们也纷纷赞叹她的品位；在人际交往中，她待人不卑不亢，彬彬有礼，慢慢地，她也融入了同事们的关系网，困难也就迎刃而解了。

　　就这样，一个个冰山似的难题在她不懈的努力下慢慢溶解了，慢慢地，她得到了大家的认同和赞许，不仅成为一名优秀的主编助理，更成为主编位置最有力的候选人。

　　这个时代或许是个贪图安逸的时代，因为许多年轻人在职业选择之初，往往只关心待遇的丰厚程度，只关心生活舒适与否。所以在招聘会上，那些待遇从优、工作压力小的职位成为众人追捧的热点，而辛苦的技术性等工作往往无人问津。或许生活让大家越来越现实，可是倘若在择业之初就避重就轻，一下子让自己进了安乐窝，那么未来几十年的职业道路将在怎样的一种浑浑噩噩状态中度过？如果一开始就习惯于选择没压力、没挑战的工作，那么接下来的几十年里，是否会在惯性使然的作用下故步自封，甚至走下坡路？只有像瑞贝卡这样敢于选择高难度、选择挑战的年轻人，才能够胜任工作，并且不断攀登事业的高峰。

　　不仅职业选择如此，生活中也是如此，追逐理想的过程更是如此。成功者不仅要有战胜困难的能力，更要有迎难而上的勇气。成功只偏爱那些永不气馁、不言放弃的人；成功只偏爱那些斗志昂扬、勇往直前的人。

生活或工作的旅途不可能一帆风顺，我们总是不期然地遇到这样或那样的困难。真正的成功者并非是从未遇到困难的人，他们只是在跌倒后迅速爬起来，在失败后重新东山再起而已。成功者比失败者多的是勇气和斗志，只有那些能够在遭受挫折之后迅速恢复元气、继续前进的人，才是真正的勇者。

疯狂英语的创始人李阳家喻户晓，可以说是英语学习的代言人。看到他如今事业蓬勃发展，个人魅力与日俱增，谁想得到小时候的他是一个性格特别内向连打酱油都胆怯的孩子呢？他并不是天生就会一口纯正流利的英语，也是靠后天自己努力才成为业界的翘楚。

上高中的时候他的学习成绩并不理想，甚至有过退学的念头，上了大学之后，他在大一、大二也多次补考英语。面对这种情况，很多人都会选择放弃，因为他会觉得自己就是不行——以前一直都不好，以后怎么会学好呢——这些人总是会怀疑自己，认为以前不行，以后肯定也不行，永远走不出自己过去的阴影。

可是李阳没有被过去的不理想所牵绊，反而成了他前进的动力。他并没有把自己当成一个英语很弱的人来看自己，他从来只向前看，把自己的努力放在每天的疯狂练习中，并且坚信通过自己的不懈努力，一定能够搬开这座"山"。功夫不负有心人，在大一、大二英语还是弱科的他，大四的时候已经开始出入各种场合做起翻译了。实现这种飞跃，他的努力自然是最关键的因素，但是如果他没有彻底抛开过去的失意，他的成功也许会是永远到不了的"下一站"。

李阳曾说他的家庭教育是打击式的，家长总是说他这不行那不行，这无疑给孩子的自信心造成很大的影响。然而他没有在这些压力和怀疑中沉沦、自暴自弃，而是勇敢地走出了阴影，去追逐自己的理想。当多年以后他成为社会名流，与当年判若两人的时候，他的父母看到他的表现都会很惊讶地问："那真的是李阳吗？"

不管失败也好，不管别人怀疑你也罢，只要认定了自己的方向，就不要为既往的失败与怀疑而伤悲甚至放弃，只有勇于冲出束缚的人才能大有作为。

不要总是回头感叹曾经历的坎坷，故步不前。成功者之所以成功，不过就是因为他们多走了几步，看远了一些。

遭遇失败不如设计失败。设计失败不尽是一种主动的、有目的的、讲方法的战术，更是一种艺术。自己设计的失败能让你坦然地面对。它不仅仅是简单地付出，它是审时度势的大气，是带有亲和力的大智若愚。

有失才有得。二十几岁的年轻人，对现实的把握还不太准，这个时候更需要我们通过一些挫折来丰富自己，吃点眼前亏，为未来攒下更多的本钱。世上无难事，只怕有心人。有心人就是那些有勇气、有胆识的人。不仅敢于面对困难，更能为了长远的成功而设计短暂的失败，让自己在失败中想出解决办法，不断进步。

二、为寻找成功而制造失败

运动员练习跨栏的时候，最开始总会有跨不过去的情况。倘若你是一个运动员，面对曾经阻拦过自己的栏杆，或者那不止一次使自己摔倒的栏杆，你会怎么办？

有的人气馁了，认为自己天生不是跨栏的料，还是安心去练习短跑吧，甚至觉得自己一无是处，或许根本不应该从事体育运动，还是老老实实改行，做点没压力、没挑战的工作吧！

而有的人则骨子里带有一种不服输的劲头，今天被拦住了，但是经过刻苦训练，明天、后天，总有一天，相信自己会成功跨越这道栏杆！无须多言，运动会上那些英勇夺冠、打破纪录的健儿，就是这些在栏杆下一次次跌倒又一次次爬起来的人！

成功者和失败者的差别就是如此简单：失败者往往因一次的挫折而怀疑自己，不断为已经产生的损失而悲哀，垂头丧气不肯再向前走一步甚至看一眼，而成功者只把挫折当作前进历程中短暂的休息，当作对既往的一次检验，吸取教训总结经验，然后昂首向前，以更饱满的信心前进！

跌倒并不可怕，可怕的是从此只会低头、只会叹气，而不再拥有昂首向前的动力！成功者永远只是那些拍拍尘土、揉揉痛处，然后意气风发继续前进的人！

人生亦是如此，我们都是常人，不如意事常有十之八九，倘若无休止地为既往的过错耿耿于怀，为昨天已成历史的挫折郁郁寡欢，永远走不出失败留下的阴影，那么只会故步自封。只有那些不为昨天哭泣的人，只有那些坦然面对过去、勇敢面向未来的人，才能成为生活的强者。

伊恩今年40岁，看到他如今意气风发的样子，谁都想不到几年前他曾经历的毁灭性的打击。

5年前，伊恩离开了工作了几年的跨国公司，告别了舒服的日子，开始自主创业。开始的时候公司搞得还红红火火，但因为一次投资失误，让他几近破产。合伙人走了，员工们散了，公司彻底垮台了。那时候他心灰意冷，妻子试着去劝他，全然无用，他总是抱怨自己运气不好，对妻子的劝告不仅不感激，还对妻子大发脾气，那时候，几乎没有人能让他想通，使他从那次失误的阴影中走出来，从头开始。那时的他可以说是每天都在为昨天而流泪，可是换来的结果又是什么？妻子因为无法再忍受他的自暴自弃和对自己的冷眼相对，决定离开他一段时间。

妻子的离开，仿佛当头棒喝一样使伊恩猛醒，他开始自己静下心来思考，想再从头开始。正好有个同学打算创业，于是他们决定合作，开始了新的奋斗历程。经过几年的奋斗，他又走上了事业的顶峰，而且也与妻子重归于好了。看到现在已经进入不惑之年的伊恩，已经看不出他曾经的潦倒，取而代之的是一个事业成功、家庭幸福令人羡慕的人。

"万事如意"只不过是美好的祝愿而已，"一帆风顺"也不过只是口头禅式的祈愿。生活是现实的，就像大海行舟，怎能不遇波涛？就像鸟儿翱翔，怎会不经风雨？打击处处存在，挫折时时发生，当我们无法阻止灾难发生的时候，就只能坦然接受一切不如意，学会向前看，像故事中的伊恩那样，停止哭泣，重新寻找前进的方向。只有这样，才能最终驶达理想的彼岸。

也许你会说，在一次打击中站起来容易，可是如果一直受到打击呢？谁还有持续的勇气和毅力继续前行？也许你会说，一次失败了从头再来容易，可是如果天资不如人呢？还有谁有超凡的信心和动力超越自己？

甩不开过去的包袱，就无法轻装上阵赶上新的机遇；跳不出曾经的阴影，就无法意气风发迎接新的未来。

不要总是回头感叹曾经历的坎坷，故步不前。成功者之所以成功，不过就是因为他们多走了几步，看远了一些。人的一生难免会碰到很多自己能力所不及的事以及无法预知的挑战，只有正确地分析造成挫折和失败的原因，并且敢于大胆尝试，不怕挑战，才能战胜挑战。当我们遭遇这样的挑战时，如果无法面对的话，那么摆在你面前的就一定是失败了。

实现梦想需要我们在心里记住自己的梦想，想着如何实现这个梦想，想着遇到障碍的时候如何应对。暴风雨是可怕的，但只要记得风雨之后会有彩虹，那么再大的风雨也阻止不了你前进的脚步。

所以，为了能够更快走向成功，我们应该特意为自己设置一些障碍，培养我们坚韧的性格，客观地看待造成挫折和失败的原因。成功者就是这样的思维，认定的事情就要一鼓作气，绝不拖泥带水。当然，成功的道路是崎岖的，我们总是该做最坏的打算，但是，我们也要朝着最好的方向努力，但是做最坏的打算，并不是说预先给自己留一条后路，而是说在摸索的道路上不断总结经验，甚至是自己为自己设置一些困难，然后通过这些困难让自己变得更成熟、更有把握。

汤姆·布兰德里20岁进入汽车厂的时候，就想在这个地方成就一番事业，和其他年轻人不一样的是，他不仅抱着学习的态度工作，更抱着检验自己的态度而工作。他常常想，如果每一个工人在负责自己工作的时候，都能以最严格的要求来管束自己，不仅一次做好，更要一次做到最好，那么工厂的生产流程会顺畅许多，质量也会精益求精。所以无论是曾经接触过的流程，还是新的项目，有时还故意设置一些小障碍，认真向有经验的工人请教，争取一次做好，绝不返工。

就这样，他从最基层的工作干起，在几年的时间里，他先后在工厂几乎每个部门都工作过一遍。在每个工作岗位他都积极主动，肯于吃苦耐劳，更关键的是，他做什么事情几乎都能"一次做好"，领导遇到了这样的人才，还能不放心把他放到各个地方去锻炼吗？

汤姆在基层一待就是五年，汤姆的父亲对儿子的举动十分不解，他质问汤姆："你工作已经五年了，总是做些焊接、刷漆、制造零件的小事，恐怕会耽误前途吧？"

"爸爸，你不明白。"汤姆笑着说，"我并不急于当某一部门的管理人员。我以整个工厂为工作的目标，所以必须花点时间了解整个工作流程。我利用现有的时间，我要学的，不仅仅是一个汽车椅垫如何做，而是整辆汽车是如何制造的，更重要的是，在这些平凡的小事上面，更能考验我的耐力、我的能力及我的潜力。每一次我都会要求自己一次做好，并且做到最好，这样，在日复一日的小事上，我练就的是扎实的基本功啊！"

当汤姆晋升到管理岗位上时，他曾经合作过的工人们也有了新的变化：他们在汤姆甘于做小事，并且什么事都力争一次做好，绝不留下隐患，绝不拖延工作风格的熏陶下，自己也愈加严格要求自己，再加上汤姆作为管理者的严格要求，次品率下降，质量逐渐提升，工厂欣欣向荣。

静下心来先反省一下自己，你有没有对自己或者是你的上司说过这样的话："这次没做好，我保证下次一定做好。"你有没有对自己说过："我不一定能做成，先试试，不行就再来一次。"

人们之所以喜欢说"下一次"，一方面是因为他们心中存在懒惰的心理，认为凡事何必那么着急、那么认真？差不多就行，让我慢慢来。这其实也是因为他们想让自己免于受到别人的批评和自己内心的谴责，这更是一种不负责任的表现。还有的人是因为内心存在一种胆怯，认为自己能力够吗？能一次做好吗？能胜任吗？这其实都是源于不自信。

别给自己留余地，别给自己找借口，别让自己一味胆小怕事。为找成功而制造失败，你才能不断积累信心，不断抓住机遇，从而成为佼佼者。机遇从不会等候你，如果抓不住，就会后悔莫及。成功的道路上，每一次困难、每一次失败都是一种机遇。

三、试一次，衡量失败的承受力

挫折是生活中的组成部分，每一个人都会遇到。虽然我们不欢迎挫折，不喜欢挫折，但又总是躲避不开它。从某种意义上说，生活就是喜、怒、哀、乐的总和。有喜有乐，自然就会有怒有哀。自然间、社会间的万事万物，无一不是在曲折中前进、螺旋式上升的。一切顺利、直线发展的事情几乎是没有的。纵观古今，许多著名的科学家、文学家和政治家大都是在逆境中、坎坷中过来的，人类创造文明与社会进步，无不经过挫折与失败。正所谓"宝剑锋从磨砺出，梅花香自苦寒来"。

挫折是客观存在的，关键在于我们怎样认识它和对待它。如果对挫折没有正确的认识，缺乏应有的心理准备，遇到挫折就会惊慌失措，痛苦绝望；如果有了正确的挫折观，做好了充分的心理准备，认识挫折是人生中不可避免的一部分，并且敢于正视面临的挫折，不灰心、不低头、不后退、坚韧不拔，敢于向挫折挑战，就能把挫折当作进步的阶石、成功的起点，从而不断取得进步。

富兰克林当年的电学论文曾被科学权威不屑一顾，皇家学会刊物也拒绝刊登，第二篇论文又遭到皇家学会的一阵嘲笑。他的论文被朋友们设法出版后，因论点与皇家学院院长的理论针锋相对，遭到这位院长的人身攻击。但富兰克没有被挫折所吓倒，没有放弃自己的科学信念，而是更积极地投入实验，以实践来证实自己的理论，他冒着生命危险进行了"风筝攫电"的著名实验，他终于获得了成功。于是，他的著作被译成德文、拉丁文、意大利文，得到了全欧洲的公认。这正像常言所说的"水激石则鸣，人激志则宏"。试想，如果没有那些挫折，没有那些曲折和苦涩，他也许不会取得成功。

成就事业的过程往往也就是战胜挫折的过程。强者之所以为强者，是因为他们遇到挫折时没有消沉和软弱，而是善于克服自己的消沉与软弱。鲁迅彷徨过，哥白尼忧郁过，伽利略屈服过，歌德、贝多芬还曾想自杀过。但他们通过斗争，最终都坚定地走向了真理，更加磨炼了自己的意志和毅力。奥斯特洛夫斯基说得好："人的生命似洪水在奔腾，不遇着岛屿和暗礁，难以激起美丽的浪花。"

不过，经受过挫折，尝过苦果，也不一定都能产生积极的作用。挫折的结果，可能让一个人奋发图强，也可能导致一个人丧失斗志。利弊得失往往是因为一定的情境而转移。如果对挫折漠然视之、若无其事，采取不承认的方式；或是打肿脸充胖子，把错误当作正确；或是灰心丧气，自暴自弃，都不可能将坏事变好事，化消极为积极。只有正视挫折，能够正确地认识挫折，认真吸取挫折教训的人，才能将失败变为成功之母，才不会因暂时的挫折而气馁，才能使坏事变好事，并因此而增长知识和才干，获得解决问题的能力，使挫折向积极方向转化。

生活是一条漫长的旅途，有平坦的大道，也有崎岖的小路；有灿烂的鲜花，也有密布的荆棘。在这旅途中每个人都会遭受挫折，而我始终认为生命的价值就是坚强地闯过挫折，冲出坎坷！你跌倒了，不要乞求别人把你扶起；你失去了，不要乞求别人替你找回。

如果你正处于挫折状态中，可能会注意到，遇到挫折不仅仅是情绪不振。事实上，它不仅影响了我们的感知、思维，也影响了我们的精力、注意力集中程度、睡眠状况及人际关系。下面让我们从一些侧面来考察挫折对我们生活的影响。

挫折影响我们做事的动机。动机受挫是某种动机得不到满足时出现的心理状态，是欲求障碍或者欲求阻止，造成心理挫折的原因可以来自客观原因，如组织管理不善、人际关系不协调、天灾等外界条件的限制和障碍，欲求得不到满足。也可以来自主观原因，如能力不足、知识欠缺、沟通不良、决策失误等。还可以来自心理障碍，把不具备事实的欲求目标当作自己眼前应该有的东西加以追求。当动机受挫折后我们可能会感到自己态度冷淡、无精打采，对许多事情都缺乏兴趣，似乎觉得没有什么事情值得去做甚至觉得连尝试都没有必要。我们曾一度热衷的项目，现在却变得枯燥乏味。我们会感到无力做任何事情，即使将每天的活动压缩到最少，我们仍为之感到痛苦。动机是行动的原动力，行为是动机影响的结果。

人们通常认为遇到挫折仅仅是情绪低落或感觉饱和，这只是挫折后的一部分表现。事实上挫折后的核心表现是"缺乏快乐"，丧失体验快乐的能力。我们会感到生活变得异常空虚，毫无快乐可言。尽管我们丧失了体验快乐的能力，但我们对不快乐的感觉却与日俱增，变得容易愤怒。我们或许会将满腔的不满和愤怒闷在心里，有时却又变得异常暴躁，甚至对亲人、孩子、朋友大打出手，过后我们又会因此而痛悔，挫折感更加严重，挫折的另外表现还有忧虑和恐惧。遇到挫折的时候，我们会变得脆弱。过去我们很容易应付的事情，现在却莫名其妙地感到恐惧。因此，焦虑和恐惧也是挫折的重要组成部分。另外，与挫折相关的其他消极情绪还有悲伤、内疚、羞耻、忌妒等，这些情绪不仅影响我们工作的激情，也破坏了家庭关系和人际关系。

有时候，尽管我们极力掩饰受挫折后的状态，但是仍会给人造成影响。与人交往时会变得容易激怒、常常拒绝别人。值得一提的是，这些反应是挫折后的常见反应，我们有必要认识它。不必为此羞愧，否则会加重我们的挫折感。

挫折对我们工作和生活的影响，不同的人大小不一样。但是我们必须正视生活中的每一次挫折，让挫折变成我们成功的动力，而不是变成鞭策我们失败的魔鬼。

　　大文豪巴尔扎克说："世界上的事情永远不是绝对的，结果完全因人而异。苦难对于天才是一块垫脚石……对于能干的人是一笔财富，对弱者是一个万丈深渊。"

　　确实如此，生活中的挫折和磨难，并不都是坏事。平静、安逸、舒适的生活，往往使人安于现状，耽于享受；而挫折和磨难，却能使人受到磨炼和考验，变得坚强起来。自古雄才多磨难，从来纨绔少伟男，道理大概就在这里吧！痛苦和磨难，不仅会把我们磨炼得更坚强，而且能扩大我们对生活的认识范围和认识深度，使自己更加成熟。比如，一方面别人的忌妒和谣言中伤会给我们带来痛苦，但另一方面可以帮助我们认识到人际关系的复杂性，通过总结经验教训，改进自己，帮助他人，可以使我们在调整和处理人际关系上学到更多的东西。再如，进行某项改革，由于经验不足失败了，这是痛苦的。但是，失败乃成功之母，失败带来的启示会把我们引向成功之路。只要不泄气，勇于探索，善于总结经验教训，就一定能开辟出一条成功的道路来。

　　中国古代有个故事，说的是公元前657年，晋国君主晋献公听信夫人骊姬谗言，逼死太子申生，逼公子重耳出逃在外。重耳立志回国继位，振兴国家。后来，他在齐国娶了妻子，又接受了齐桓公馈赠的20辆马车，感到很满足。其妻见状，痛心疾首，劝勉他："行也！怀与安，实败名！"意思是：您且行动吧，满足现状是会毁掉一个人的前途的！重耳从此振作起来，几年后夺回了王位。根据这个故事,人们引申出怀安丧志这个成语,告诫人们迷恋、苟安于享受,就会变成碌碌无为的庸人。

"水可载舟,亦可覆舟。"顺境和逆境,在一定条件下是会互相转化的。面临挫折时我们如果能够适当地变换思维的角度和方式,多从其他方面重新评价和审视所遭遇的挫折,也会有助于摆脱挫折的困境。

挫折对人的刺激往往比较强烈,并伴随着心理、生理活动,会给人以深刻的印象,尤其使人产生了强烈情绪反应的挫折,更会使人感到时时被它所纠缠。然而,挫折如果已经发生,就应当面对它,寻找解决的办法;如果已经过去,就应当丢开它,不要老是把它保留在记忆里,更不要时时盯住它不放。痛苦的感受犹如泥泞的沼泽地,你越是不能很快从中脱身,它就越可能把你陷住,越陷越深,直至不能自拔。李煜被俘后赋词曰:

往事只堪哀,对景难排。

秋风庭院藓侵阶。

一任珠帘闲不卷,终日谁来!

金锁已沉埋,壮气蒿莱。

晚凉天净月华开。

想得玉楼瑶殿影,空照秦淮。

像这样留恋逝去的荣华,死盯住自己的遭遇不放,哪能不被沉重的痛苦情绪所压倒呢?

鲁迅笔下的祥林嫂,心爱的儿子被狼叼走后,痛苦得心如刀剜，她逢人就诉说自己儿子的不幸。起初，人们对她还寄予同情。但她一而再再而三地讲，周围的人们就开始厌烦，她自己也更加痛苦，以致麻木了。老是向别人反复讲述自己的痛苦，就会使自己久久地不能忘记这些痛苦，更长久地受到痛苦的折磨。

当然，不要盯住挫折不放，并不是主张有了挫折和坎坷，可以完全不去看它，采取逃避的态度。而是说，一方面，情感不要长久地停留在痛苦的事情上；另一方面，我们的理智应当多在挫折和坎坷上寻找突破口，力争克服它、解决它。比如高考失败了，终日以泪洗面，那当然不好。但是，如果若无其事，心安理得，一点压力也没有，这也不是好的态度。落榜的痛苦我们应当很快丢掉，但落榜这件事却不能忘掉。要通过这件事，看到自己学习还不是很扎实，要继续努力，争取明年再考。如果年龄大了，失去了再次高考的机会，就更应该以此激励自己，以更顽强的精神走自学之路，奋力攀登科学文化知识的高峰。那种遭受挫折和失败后便放弃进取的做法，是不可取的。

四、败错才能展现真实面目

每个人都渴望成功，渴望一帆风顺，心想事成。但世界上这样如此幸运的人是少之又少。我们在生活中会遇到大大小小的失败，怎样面对眼前的失利，怎样从失败中吸取教训，在失败中让自己长大，这些决定了你未来的发展与成败。猴子吸取了爷爷过去的教训，没有犯同样的错误，得到了人的草帽。卖帽子的人以为沿袭爷爷的做法还能管用，以为拿着那张"旧船票"还能登上成功的"客船"，不料却被在失败中成长的猴子弄得一无所有。

从某种意义上讲，只有失败了，你才懂得成功的道路，只要你善于在失败中认清自己，吸取教训，在失败后的道路上保持清醒的头脑，相信成功就在不远处。

失败催人奋进，使人成长，失败可以给人许多经验、教训，成功往往得不到。马云先生在创业初期遭遇了接连的失败，他没有在失败中沉沦，而是认真分析自我，为成功积累经验。最终他把阿里巴巴打造成世界上仅次于谷歌的融资集团。当有人挑衅他说，他们可以复制阿里巴巴的辉煌时，马云微微一笑，说："你可以复制阿里巴巴的泪水与挫折吗？"

正是那些失败的经历锻造了马云成熟的心智与敏锐的观察力，使他在商海的滚滚波浪中笑傲群雄。我们不渴望失败，但我们要学会正视失败，如果你不能从失败中重新审视自己，只找一些无用的借口，那么你永远只会在失败的泥潭中挣扎。

站在历史的海岸漫溯那一道道历史的沟渠，勾践卧薪尝胆，三千越甲可吞吴；刘备寄人篱下，奋发图强，终于称王；苏东坡被贬发配，写下传世名篇。他们无一不是在失败中奋起的。

忆往昔，帝王将相在失败中成长，终成千古大业；贤士迁客在失败中成长，终成千古文章。失败是成功之母，正确面对失败，在失败中成长，才会迎来柳暗花明的未来。

失败是有原因的，成功也是有原因的。我们现在才二十几岁，很年轻，这就是我们的资本。靠天、靠地、靠父母、靠朋友。反正，成功是靠别人的帮助，成功者都会合理地利用外界的资源为自己服务。

熟悉中国射击的人都知道，女子50米步枪三姿赛并不是中国射击的传统强项。虽然中国选手吴小旋曾在1984年的洛杉矶奥运会上夺得过冠军，但此后的几届奥运会中，中国选手再也没能在该项比赛中登顶。因此，中国射击队在制定本届奥运会的夺金目标时，并没有把该项比赛作为重点项目。"杜丽和武柳希都具有一定的实力，但要想夺冠，还得看临场发挥。"射击队总教练王义夫在赛前分析道。

杜丽在决赛中的开局与4天前的女子10米气步枪比赛惊人相似——第一枪，杜丽仅仅打出了8.7环的糟糕成绩，排名一下子跌至第三。虽然随后两枪分别打出了10.3环和10.4环，但杜丽在第四枪中又打出了9.8环这个低于10环的成绩，而在资格赛表现一般的埃蒙斯则凭借着前四枪的出色表现，排名跃居到第二位，仅仅落后杜丽0.1环。

关键时刻，杜丽没有放弃，发挥越来越好：9.9环、10.8环、10.0环、10.1环、10.8环、10.5环，在接连打出高环数后，杜丽终以总成绩690.3环锁定了金牌。埃蒙斯和古巴选手克鲁斯分别获得银牌和铜牌，武柳希在决赛中表现一般，最终排名第八。

取下帽子，脱下"战衣"，杜丽的脸上依然写满平静。现场的观众们尽情欢呼着，为了心目中的"巾帼"英雄。直到看到最终的成绩，杜丽才取下手套，向现场的观众深深鞠躬，眼眶里闪出点点泪光。

"首场比赛失利后，这4天我的感受很深，也想了很多。但挫折让我进一步看到了自己的不足，我从来没有想过要放弃，是大家的鼓励让我有了信心。今天的金牌拿得很艰难，但我觉得自己还能做得更好。"擦拭着幸福的泪水，杜丽如此表达着自己的心绪。

可以肯定地说，没有人喜欢失败。因为失败大多是一些令人痛苦的经验，甚至是让你的人生受到重创的体验。然而，无论是什么人，一生顺利且从未尝过失败滋味的人，估计是不存在的。不管你有多伟大、多么不同凡响，只要你是一个人，只要你是一步一步地走着你的人生之路，那么你就或多或少经历过失败，只不过是轻重程度不同而已。

当然，你也可以不承认这一点，你完全可以说自己从未失败过，因为你的人生之路非常顺畅，你从未遭受过任何打击与一点点失败。而后，我也可以相信你所说的，你是一个成功者。但是我要告诉你，如果你真的没有经历过失败，那么我可以肯定地说，你的人生毫无意义，你所谓的成功也是一种虚幻，因为没有经历过失败的人生是枯燥的，是缺乏真实意义的，甚至说是不可能存在的。

诚然，一般人都讳言失败，甚至有些人更是谈失败而色变，其实，失败并不可耻，真正可耻的是不承认自己有过失败经历的人。

因为在人生旅途上，失败是正常的，不失败才是不正常的，重要的是，你面对失败的态度是什么，是否能够反败为胜。如果你因为一时的失败便一蹶不振，那么我可以说，不是失败打垮了你，而是你那颗失败的心把你自己打倒了。

"失败是成功之母！"你不会对这句话感到陌生。所有渴望成功的人，都必须做好随时迎接失败的准备。不付出代价的成功是不可能存在的，你要想有所结果就必须付出勇气，这种勇气就是如何坦然面对失败的勇气。

《三国演义》第五十回是写曹操赤壁兵败落荒逃跑的情景，有意思的是，曹操就是在一败涂地、性命难保的逃亡中也不失王者统帅之豪气与胸怀，一路三笑，毫无半点凄惶。且儿戏般从敌方的攻防设计措施上评判对手的疏与漏而狂笑不止。胜败兵家常事，弹指挥手间。

且看曹操三笑。

一笑：当曹操一行逃往彝陵方向，路经乌林之西，宜都之北时，操见树木丛杂，山川险峻，乃于马上仰面大笑不止。诸将问曰："丞相何故大笑？"操曰："吾不笑别人，单笑周瑜无谋，诸葛亮少智。若是吾用兵之时，预先在这里伏下一军，如之奈何？"话犹未了，两边鼓声震响……赵子龙来了，虽然杀得他丢盔弃甲而去。但曹操的笑声并没有消失。

二笑：当再行至葫芦口，军皆饥馁，行走不上，马也困乏人多有倒于路者。操叫前面暂息……士兵脱去湿衣于风头吹晒；马摘鞍野放，咽咬草根。操坐于疏林之下，仰面大笑。众官问曰："适来丞相笑周瑜、诸葛亮，引惹出赵子龙来，又折了许多人马。如今为何又笑？"操曰："吾笑诸葛亮、周瑜毕竟智谋不足。若是我用兵时，就这个去处，也埋伏一彪人马，以逸待劳，我等纵然脱得性命，也不免重伤矣。彼见不到此，我是以笑之。"正说间，前军后军一齐发喊。操大惊，弃甲上马。众军多有不及收马者。早见周围狼烟遍地，山口一军摆开……得，横矛立马的猛张飞来了，若不是许褚、张辽、徐晃拼命力保，曹操这条老命算到头了。待到追兵渐远，回顾众将多已带伤。但曹操就是曹操，还有三笑在等着他。

三笑：曹操率领残兵败将行走在山僻路窄的逃亡路上，雨后坑堑积水泥陷马蹄，不能前进，操大怒，叱令老弱中伤者慢行，强壮者担土束柴搬草运芦填塞道路，违令者斩。此时军已饿乏，众皆倒地，操喝令人马践踏而行，死者不可胜数。号哭之声于路不绝。操怒："生死有命，何哭之有！如再哭者立斩！"……过了险峻路稍平坦，操回顾只有三百余骑随后，并无衣甲袍铠整齐者……又行不到数里，操在马上又扬鞭大笑。众将问："丞相何又大笑？"操曰："人皆言周瑜、诸葛亮足智多谋，以吾观之，到底是无能之辈。若使此处伏一旅之师，吾等皆束手受缚矣。"言未毕，一声炮响，关云长来了，操军亡魂丧胆，面面相觑……毫无疑问，这次是死定了。这并不是有赖于曹操命大福大，也还是他的为人做派，旧日有恩于关羽。关公不会忘记，他的成名源于"温酒斩华雄"，那也是曹操的力荐与推举，他能过五关斩六将，千里护嫂走单骑，那也是曹操的宽容与放行。毕竟英雄也是有血有肉之躯，人是感情动物，铁打的汉子禁不起眼泪，又因关羽之本性傲上不忍下，欺强不凌弱，恩怨分明，信义素著，经不得曹操、程昱软磨，众军哭拜于地，放他一条生路。

能不能冷静思考失败的经验教训，是一个失败者必须面对的严峻考验。天有不测风云，这是自然环境复杂多变而无法改变的事实。如今社会环境和经济环境更是风云万变，当世界进入新科学、新技术突飞猛进的时代更是如此。从来就没有"一帆风顺""乘风破浪会有时"，身陷逆境抑或是常事。在失败面前是惊慌失措、凄凄惨惨，还是从容应对、力挽狂澜，关键时刻何以扭转逆境重振雄风以图东山再起，首先是思维、心态、心境能否平衡、能否静观其变。曹操对失败之心态与气度是逆境中力争转败为胜的内因基础。

孙武曰："兵无常势，水无常形，能因敌变化而取胜者，谓之神。"成功与失败是一个共同体，互争互异，结伴而行，胜者为王，败者为寇，瞬息之间，成功的喜悦、失败的悲伤都来不及细思量或许就已互相转化。内力与外力的较量关键是战胜自我。成功之本来源于自信，自信才是从失败走向成功的阶梯，有了自信才能笑对一切，笑对自己，笑对敌人，笑对死亡的逼迫，笑对无论成功与挫败的结局，无所惧、无所恨、无所喜、无所忧，这样的心态，焉有不接近成功的道理？

有一次，一个人提醒爱迪生说，他在发明蓄电池时，一共失败了25000次，但是这位伟大的发明家却如此回答："不，我并没有失败，我发现了24999种蓄电池不管用的原因。"爱迪生在他的一生中，共有1093项发明专利，如留声机、电影、电动笔、蜡纸及日光灯等。我们可以想象得到，在他非凡的生涯中，经历过多少次失败。我们要庆幸他有拒绝接受失败、不屈不挠的精神。

在美国，有一位穷困潦倒的年轻人，即使当他身上全部的钱加起来都不够买一件像样的西服的时候，仍全心全意地坚持着自己心中的梦想，他想做演员，拍电影，当明星。当时，好莱坞共有500家电影公司，他再清楚不过了。他根据自己认真画定的路线与排列好的名单顺序，带着为自己量身定做的剧本前去一一拜访。但第一遍下来，所有的500家电影公司没有一家愿意聘用他。面对百分之百的拒绝，这位年轻人没有灰心，从最后一家被拒绝的电影公司出来之后，他又从第一家开始，继续他的第二轮拜访与自我推荐。在第二轮拜访中，拒绝他的仍是500家。第三轮的拜访结果仍与第二轮相同。这位年轻人咬牙开始他的第四轮拜访，当拜访完第349家后，第350家电影公司的老板破天荒地答应愿意让他留下剧本先看一看。几天后，年轻人获得通知，请他前去详细商谈。就在这次商谈中，这家公司决定投资开拍这部电影，并请这位年轻人担任自己所写剧本中的男主角。这部电影名叫《洛奇》，这位年轻人的名字就叫史泰龙。现在翻开电影史，这部叫《洛奇》的电影与这个日后红遍全世界的巨星皆榜上有名。史泰龙在先后共计1849次碰壁面前，没有打退堂鼓，继续坚持不懈，终于在第1850次获得成功。他的事例再次证明了那句哲理："失败乃成功之母。"

失败的原因有很多，春秋时期的韩非子曾说过："不会被一座山压倒的人，却可能被一块石头绊倒。"如果你的性格中有自大、自满等不良因素，那么你就应该努力改变它，因为这种因素是极易引发失败的直接原因，而由这种因素引发的失败，将会让你损失惨重。

你要知道，失败对于一个人来说，是非常重要的财富，你如何珍惜这种失败的财富，将成为你决定自己未来的先决条件。失败是金钱和时间的试验剂，如果不能充分利用这个试验剂的话，那么你就无法变为成功者。无论什么样的失败，只要你跌倒后又能马上爬起来，跌倒的教训就会成为有益的经验，帮助你取得未来的成功。

所以，不愿意面对失败与不愿意承认失败同样不可取，人生最大的失败，就是永不失败和永不敢败。其实，如果你能够把失败当成人生必修的功课之一，那么你就会发现，几乎所有的失败的经历，都会给你带来一些意想不到的益处。把失败当作你人生成功的基础，这是你最好的选择。

五、失错就能快速地了解

我们常说："失败乃成功之母。"一个人的成长历程如果一直顺风顺水，从未经历过失败痛苦的磨砺，那么前方等待他的必然是更大的失败。历史上的伟大人物无一不是从无数次的失败中走向成功的，如司马迁、陈景润、爱迪生、居里夫人等皆是如此，不胜枚举。的确，在人生的道路上，失败是每个人都必须经历的生命过程，是我们最宝贵的精神财富之一。别林斯基说不幸是一所最好的大学，培根更认为奇迹多在厄运中出现。正因为如此，我们从小就被告知在逆境面前挺起脊梁不怕失败，从哪里跌倒就从哪里站起来，甚至很多时候我们还故意给自己制造一些失败以锻炼我们的抗挫折能力。

小时候最爱看海明威的《老人与海》，而我知道吸引我的不仅是惊心动魄的故事情节，更是一种让人奋进的精神。"人不是为失败而生的，一个人可以被毁灭，但不可以给打败。"孤独的老渔夫圣地亚哥刚毅的性格、精湛的钓鱼术等勾勒出他已不仅仅是条硬汉，而他身上所体现的精神价值，更是古希腊悲剧精神的体现，作者海明威在他身上找到了一种灵魂，这灵魂是人类亘古不变的永恒价值。

罗伯特说过："失败并不表明你是个失败的人，它只是意味着你尚未成功而已；失败并不表明你一事无成，它意味着你学有所获；失败并不表明你是一个傻子，它意味着你充满信心；失败并不表明你蒙受耻辱，它意味着你勇于尝试；失败并不表明你尚未拥有，它意味着你需改换方式再试锋芒；失败并不表明你低人一等，它意味着你尚不优异；失败并不表明你浪费生活，它意味着你可以重新选择前景；失败并不表明你应该屈服，它意味着你须更加努力；失败并不表明上帝抛弃了你，它意味着上帝还有更好的主意。"

《傅雷家书》中说："人一辈子都在高潮与低潮中浮沉，唯有庸碌的人，生活才如死水一般平静。"我们只要高潮不过分紧张，低潮不过分颓废，就好了。每个人都有一条人生路。这路并不是洒满阳光，充满诗意，铺满鲜花，常常遇上沼泽或荆棘丛生的小道。有人摔倒了，便从此一蹶不振；有人尽管屡战屡败，但屡败屡战，最终人生光彩夺目。

失败是生命中最基本的滋味，害怕失败的人是软弱的。失败没有什么可怕，真正可怕的是我们缺乏承受的勇气。当然，我们经受失败之后不会一无所得，因为我们可以从失败中体会到生命中最本质的东西。失败让我们在感受人生的艰难和曲折的同时，也领略了它的悲壮。而且，失败和成功也是相对的，没有经受过失败的人，也很难享受到真正的成功的快乐。人生之路其实也就是一个失败与成功交替的过程。我们应该从失败中、成功中、生活中体会出人生的哲理；应该在工作中或学习中找到自己的起点，去追求，去探索，去拼搏，去奋斗，走上光辉灿烂的人生之路。

一天，彼得手里拿着一个小本子走到我身边，这个本子是我让他写日记用的，用来锻炼他的写作能力。但是，拿着小本子的彼得表情十分低落。我悄悄地看了看本子，上面什么也没写，还是一片空白。

"妈妈，我真的写不出来。我实在无法把我的想法写下来。"

一行也没写出来，我有些失望，孩子也叹了口气。我微笑着对彼得说："没关系，彼得，经过几次失败，也许比第一次就成功更好。等你能写出来的时候，也许会更高兴呢！"

彼得比爱丽丝和南希做事更容易失败，他的心里有一种自卑感，与优秀的爱丽丝比起来，他始终缺乏自信。

现在我的头等大事就是帮助彼得找回自信心。如果害怕失败，无论如何也不会找回自信心的。经历失败之后获得成功，才能使人获得更强的自信。

在失败与成功的交替中，彼得的写作水平不知不觉提高了，而他露出的笑容则更令我欣慰。他现在已经具备了自信心，不再害怕失败了。

在养育孩子的过程中，基本的母性是必须的。如果一位母亲连最基本的母爱都没有，那么她很难战胜抚养孩子过程中所遇到的困难。但是，有时母性也会蒙蔽妈妈的眼睛。

有一个与同龄人比较起来格外迟钝的孩子，从小时候起，他就经常遭到同龄人的戏弄，老师也瞧不起他。为此，孩子的妈妈非常痛苦，她想：怎样才能保护孩子不受伤害呢？于是，她不让孩子接触任何可能给孩子造成伤害或挫折的事情。她帮助孩子做作业；当孩子和同龄人在一起时，她不让孩子与其他人去竞争；当孩子羡慕邻居家的小朋友会骑自行车时，妈妈不是让孩子也去学骑车，而是说妈妈给你买更好的玩具。

不久前，我见到了这位妈妈，她的眼里含着泪水说："我的孩子现在什么事都不会做，等我死了之后，他可怎么办呀？"

这个妈妈就是从孩子那里剥夺了孩子自己做事的权利。

对于那些生活在妈妈的怀抱里，从未品尝过失败滋味的孩子来说，他们会缺乏在这个世界上独立生活的能力。当今社会，青少年因为学习成绩、异性或金钱等问题而自杀的案例不胜枚举，而且案件数字有上升趋势，缺乏独立生活能力是其中一个非常重要的原因。

这些孩子的共同点就是，在碰到问题时不知道该如何解决，他们从小就一直处于父母的庇护之下，从没有体验过失败的滋味。

问题总是会突然出现的，青春期的孩子，会发生一些连父母也不便知道的问题。从未经历过失败和挫折的孩子，这时会很痛苦，而对突如其来的问题他们手足无措，找不出解决问题的方式，最终有可能选择极端的方法。

想一想，你的孩子是不是也存在这样的问题呢？不要事到临头时，再后悔当初对孩子过于宠爱。你的孩子在成长的过程中也会遇到难以解决的问题，让孩子自己去经受失败的磨炼吧！只有这样，在今后遇到困难时，他们才能够做出正确的选择。做企业如同足球场上的淘汰赛，是一件非常不容易的事情，它的精彩、它的意义全部来自别人的防守、别人的反对、别人的阻碍、别人的质疑、别人的攻击，还有别人的威胁、大环境的危险和不可预测性。如果这个世界一切都完美了，一切都是被安排、被计划、被内定，那么在市场中做企业就失去了存在的意义。

所以，当我们置身于不可知、不可测、不稳定的商海中时，我们不要去抱怨，我们选择了到大海中去航行，就必定带着适应跌宕起伏的心态，我们文化中的优势心理、强势心态即来源于此，我们常以"半杯水"来论乐观和悲观,乐观者看到了半杯水的优势,悲观者却愁苦于没有一杯水的劣势,而做企业的心态是只有"少半杯"也行,"少半杯"说明未来发展的空间更广,灌满整杯水的意义更大,杯中水越多,自己有所作为的空间就会越小。

  对自己不能苛求完美,一方面要狠一点,向更高标准靠拢;另一方面要允许自己失败,给自己留一些缺陷,允许自己有改进的空间。有企业明确提出"不走捷径","走捷径"这句话并无不对,如果有捷径肯定要走,我们的经营不断创新,工作不断优化,就是为了缩简流程提高效率以避免多绕路,但违背客观规律的捷径是没有的,想一天吃个胖子,想突击一天把自己所有的缺点都改掉,这是对自己成长的拔苗助长。想让你的员工在一天之内完全按照你的意思办,想强权抹灭别人的意志让别人服从,这种管理是想在管理上走捷径,其结果一是他先死,你后死的同归于尽;二是人家不陪你玩了,用脚投票弃你而去。

  允许自己失败,要明白失败是毅力的磨炼石,毅力是成功的支柱。在竞争中突围,在利益和市场的争夺中有那么多人算计你,哪有常胜的道理?千万不要怕失败,尤其是领导者,我们希望别人尊重自己,希望让员工死心塌地跟随自己,希望竞争对手敬佩自己,怎么能达到这些目的?实际上你做多少事情、你有多少优点并引不起他们的敬佩和羡慕,反而会招来忌妒和冷枪流弹(竞争中的"打败第一,我就是第一"的想法会让各行各业的追随者跃跃欲试,行业领导者更容易成为众矢之的,成为挑战靶子,这是竞争规律)。

但在你面对困难、面对失败甚至面对灾难时，你的淡定、你的坦然、你的开放、你的毅力、你的不屈、你的不抛弃不放弃、你的逆风飞扬，是最让人佩服的地方，人最佩服的就是别人做了自己想做却做不了的事情。天赋是上帝赏赐的礼物，但毅力却是后天的锻炼。毅力就是一种思想方法，人心都是肉长的，我们每一块脂肪都是碳水化合物，区别就在于怎么样去面对成功和失败，尤其是怎样面对生命中的失败，而且能够坦然地面对失败，这是做任何事情能成功的最基本素质。

在人的生命中有失败也有胜利，甚至失败了无数次，还看不见胜利的曙光。但人必须学会坚强，学会从摔倒的地方再一次站起来，毅然地向前挺进。

失败是人生的主题，胜利只是人生的副产品，如果一个人不能从摔倒的地方站起来，就等于失去了生命的意义。

空白的人生才会没有挫折，真正的人生总会有挫折和苦难。它使人充满智慧走向成熟，它用冷峻和无情使强者的命运获得价值和升华。

人要面对的失败，比胜利多，所以在努力之后是失败，我并不失落。因为胜利是用微笑来诅咒人生，失败是用泪水来解释人生。无论在今后，我们以怎样的微笑和哭泣来演绎自己的生命，失败永远都占据你生命的一大半，所以我们应学会在失败中求胜利。

失败是人生的伴随者，胜利只是路途中的一道彩虹，出现时是那么美丽、灿烂，是那么令人眷恋。但在一瞬间，它却消失得无影无踪，让人看不见、摸不着。

相信自己，能在失败后看见彩虹。

相信自己，失败是你成功的绊脚石，但不能阻挡你成功。

相信自己，每一次失败，能让你实现心中的愿望。

失败也是一首歌，虽然它的旋律没有胜利那么优美，但它能让人刻骨铭心，催人奋进。

六、揭露局部，以把握整体

田忌赛马的故事耳熟能详，当田忌开局以下马对上马，必定遥遥落后，输得非常难看。正因为如此，此后以上马对中马、中马对下马，都略胜一筹，总计三盘两胜。整体的胜利并不是平均分布，即每场赢得1/3这么简单。

也曾有朋友面对两份工作机会左右为难，薪资、职权等不相上下，但关键是哪家更容易磨合不得而知。这里有个悖论，只有去工作了才知道是否合适，但只能进一家，也就永远无法知道另一家是否更好，人生经常如此。如果有明确的整体，这两个机会其自身的收益风险又相等，并且即使输，以后几盘也能扳回来，不影响全局，那么随便选好了，又何必怕输呢？

这个整体，通俗的说法，在人生是理想，在组织是愿景。为什么要有理想和愿景？虽然众口一词"崇高的理想能激发人的斗志",但这种看法实在很浅薄。医学告诉我们,短期内人体释放大量肾上腺素,能使力量倍增,但长期过量分泌,会造成严重的疾病。

这个整体应该是好的理想和提供了大尺度的愿景,使整个人生和组织能理性地规划,使全局大于局部之和,甚至局部的失败最终能使全局成功。而没有理想,尤其是坏的理想,包括那些慷慨激昂的理想,会使全局小于局部之和,甚至局部的成功在全局反而是失败。

史玉柱的故事大家都很熟悉,他从创业到受挫,再从挫败到崛起,靠的都是勇士一般的执着信念和积极向上的精神。史玉柱从深圳大学毕业后,从自己编写软件推销软件做起,凭着坚韧的决心和毅力,经过几年的努力打拼,他投资成立了巨人公司,企业迅速实现利润3500万元。随着公司的扩大、利润的增加,投资兴建巨人大厦的设计方案一改再改,从38层追加至72层,企业资金链断裂,红极一时的巨人集团轰然倒塌。史玉柱遭受了巨大挫折,但是他的自信心并没有倒,他并没有在别人的非难声中消沉逃避,而是选择重新崛起。2000年,他通过新产品"脑白金"迅速占领保健品市场,这象征着"巨人"又回来了。一年后,新巨人公司在上海成立,史玉柱又重新出现在媒体和民众的视线内。

没有哪个人的一生是一帆风顺的,没有哪个人可以不受挫折就一蹴而就直接走向成功的。受挫、失败都是难免的,重要的是不要空耗时间和精力去回避挫折,不是一味地将自己埋在挫折的悔恨里不能自拔，而是要集中精力总结经验，反败为胜。行动是战胜受挫心理的唯一方法。只有擦干挫败时的悔恨泪水，积极总结经验教训，才能扭转时局，转败为胜。

面对挫折和失败，不仅需要爬起来继续前行的勇气和果敢，也需要对未来积极向上的希望和憧憬。希望是力量的源泉，它可以让人不畏当前的苦痛，勇敢迈开前进的脚步；希望是人生幸福的法宝，它可以让人拥有生活的激情和动力，努力追求自己的梦想。

一个人要是只生活在过去失败的回忆中，失去了希望，他的生命已经开始终结。悔恨的泪水不能让人生重来一次，自怨自艾中只能让自己消极逃避，唯有擦干昨日失败的泪水，怀抱希望积极向前迈步，才能拥有不一样的人生。

不只是理想和愿景，稍大的系统都会遇到类似的问题。在一个物流案例中，要运输多种产品到某处集中装箱，再将每箱装满不同产品后发往最终客户。前半段每条线路只能运送一种产品，似乎将产品塞满集装箱更有效率，但产品集中后却需要重新装卸。对整个物流而言，最有效率的做法是前半段每箱只装一部分，留有计算好的空间待集中后装入其他产品。

但投入可以，产出却不会平铺直叙，因为现实中存在边际收益递减规律，当技术水平不变，同等增加投入，起先产出会递增，但经过某个点，就会开始递减，那么只有更勤奋，才能维持原先的平均产量，边际收益也就更低。如此恶性循环，这就是两千年的大悲剧，越勤奋越穷。

用这种角度重新审视愚公移山的故事。精神固然可嘉，但未必是最好的方法。既然子子孙孙，无穷匮也，就是说有充分的时间，那么最初几代甚至几十代人完全可以一块石头也不移，而是专心研究技术，如炸药、工程机械等，甚至原子弹。等研究出来，很快荡平大山，时间比空手开山更快。

这么说不是苛求古人，请大家领会精神。只需回想一下亲身的见闻：为什么有这么多昙花一现的成功人士和企业？再翻开历史，一百多年来有这么多运动，为什么进步却不尽如人意？

人的一生，总有无数的挫折和困难拦在通向成功的征途中。跌到了，有的人爬起来，仍然朝着目标前进；而有的人却流着受挫的泪水，再也不敢前行。那些选择爬起来继续前行的人，是真正的勇士，他们敢于直面挫折，直面厄运的惨淡，他们怀着对明天美好的期待和希望，怀着执着的信念继续为目标而努力。

马其顿国王亚历山大大帝踏上征伐波斯的漫长征途前，他曾把自己所有的财产包括珍爱的财宝与所有的土地都分给了自己的臣下。

一位臣子感到很惊讶，他问亚历山大大帝："陛下把这些都给了我们，你带什么启程呢？"

亚历山大回答："我只有一个财宝，那就是'希望'。"

带着"希望"启程的亚历山大大帝最后征服了无数地方，促进了东、西方文化的交流，在人类的历史产生了至关重要的深远影响。

希望使人们产生持续的驱动力,让他们在人生的路途中,不断前进,获得成功。在人生的行程中,有时候最重要的既不是财产,也不是地位,而是自己胸中熊熊燃烧着的希望。有了希望,无论遇到何种艰难险阻,处于怎样的逆流困境之中,它都告诉人们未来可以变得更好;有了希望,人们可以通过不断的学习和持续的努力提高自己,不断改变自己,不断改变现状,使人生之路永远呈现为一条上升的线。希望孕育着"改变"的种子,它让人们相信自己可以变得更好。

雄狮在捕猎的时候,最善于变通,它们会根据不同猎物的弱点,相应地实施不同的猎取攻略。比如像羚羊类的小型动物,它们往往采取迅速封喉的攻势,直接取命、速战速决;如果遇到大型和力量型的动物,往往采取迂回战术,运用各种智慧使其懈怠、失去力气,然后一步步攻其要害。你可以看到很多狮子对付"庞然大物"往往采用咬鼻、集体攻击、拖拽等战术,而且时间一般比较久。

狮子很聪明,因为它懂得杀鸡用杀鸡的刀、宰牛用宰牛的斧,善于针对不同猎物的特点选择不同的战术和猎取方法。如果对付一只小兔或者一只山羊,狮子们也纷纷拥过去集体拖拽,肯定会把局面弄乱。懂得变通,是智慧的表现。

在散打比赛中,优秀的运动员总能寻找出对手的弱点,并采取相应的战术,以己之长,克彼之短,战胜对手。正确地运用战术,不但可以省时、省力,还可以弥补自身技术上的不足。但是,要在激烈的赛场上认真分析对手，并正确地运用战术，不但需要头脑冷静、反应灵活，最重要的是要做到"对症下药"，即针对不同类型的对手，采取不同的、行之有效的对抗战术。

生活中，我们虽然不像狮子那样需要"打打杀杀"过日子，也不需要像散打运动员那样没事就PK，但是针对不同的"猎物"弱点，抓住对手的空当，实施不同的攻击策略，却是不可不知的大智慧。

时间就是金钱。善于经营的人最先思考的无不是一个"快"字。快速运转，已然成了企业经营的第一法则。现在的企业，无不以"十倍速度发展"为己任，提倡高效、迅速的工作理念。但是，意大利蒙玛时装公司首创了"倒计时销售法"，反其道而行之，他们"以慢制快"，却成了著名的"无积压商品公司"。

年仅28岁的总裁格丝丽·莱恩小姐规定，每一套时装上市时，设定以一个月为一个周期，三十天共十轮，三天为一轮。每一轮降价10%，以此类推，至第十轮时，如果这款服装仍未售出，该店承诺将其捐赠给慈善团体。据报道，此举一出，至今还从来没有在一个周期内留有存货的记录。以慢制快之所以会成功，关键在于该公司紧紧拽住了两拨人：大款一族认为"抢先即时尚"，自然不在乎价格高低；实力稍逊一筹的，延后几轮即便到第十轮购买也还是"时尚"。正是抓住了目标客户群的特点，采取这种"以慢制快"的模式，蒙玛时装公司获得了"无存货"的销售佳绩。

欧洲贵族饭店经营管理的成功者西泽·里兹，曾被英国国王称赞为"不仅是国王们的旅馆主,更是旅馆主们的国王"。作为贵族饭店的经营者,里兹最大的成功之处就是针对客人的特点尽可能让客人满意。为了满足贵族的各种需要,里兹创造了各种活动,并且不惜重金。例如:如果饭店周围没有公园景色,他就建造公园景色。在卢塞恩国家大旅馆当经理时,为了让客人从饭店窗口眺望远处山景,他在山顶上燃起烽火,并同时点燃了1万支蜡烛。他的经典格言之一是:"客人是永远不会错的(The guest is never wrong)。"他十分重视投客人所好。正是这种独到的攻取"猎物"的方式,使得里兹成为影响世界饭店业发展的巨人。

许多时候,获胜是来自对手的失误。对手失误越多,丢分越多,你获胜的概率就越大;当对手在关键的地方出现失误时,你获胜的机会就来了,打击对手的空当,乘胜追击,就能将对手一举挫败,赢得胜利。

在职场里,作为一名员工也会遇到不同的竞争对手,而针对不同对手的弱点,也要灵活地调整自己的策略。你的对手总的来说无外乎有两种:一种是"凶猛"的剑拔弩张型,另一种就是"内敛"的防守型。

"剑拔弩张型"对手的特点是工作能力强,做事积极主动,并且心理素质较好,信心十足,敢打敢拼。针对这种类型的对手,你要避免与他出现恶性竞争,那样会消耗自己的精力,影响工作心情。只要保证自己在工作积极进取的条件下,注意发现和抓住机会,采取防守攻势,则可让他放松对你的警惕。而"防守型"的竞争对手则需留意，因为这类人处事谨慎严密，而且才不外露，一般都是善于攻心的角色。对于这类竞争对手，你也要善于示弱，让对方觉得你不足为患，这样一来可以减少其对你的敌意。

总之，学会雄狮灵活变通的智慧，针对不同"猎物"的弱点，采取不同的攻防策略，是迈向睿智和成熟的一大步。只要你学会了这种策略，就学会了智者的处世态度。

与其让整体失败，我们何不揭露局部，从而让自己更好地把握整体呢？儒教推崇仁和礼，其实是迷恋精神的力量和形式的完美，也就是所谓的耻感文化。形式美不容忍任何失败，耻感总来自某种情境，也就是局部。而精神力量一鼓作气，再而衰，三则竭，人生就像田忌赛马中的齐王，依次派出上、中、下马，碰到下、上、中，就会小胜而大败。

七、暂时失败，收获长远

维多利亚女王时期，英国著名的政治家本杰明·狄斯累利在议会上第一次发言的时候，就有很多人发嘘声，迫使他停了下来。

当时他这样说："虽然我现在停了下来，但是总有一天你们会听到我成名的消息。"

他这句话一出口，就引起了一片哄堂大笑。若干年以后，正如本杰明·狄斯累利自己所言，他的名字的确响彻了世界政坛。

这种面对挫折而奋发努力的例子，在中国更是屡见不鲜。下面讲的是中国历史上很有名的"头悬梁，锥刺股"的典故，主人公是战国时期的苏秦。

战国时期，秦国通过变法国力越来越强，想要统一其他六国，于是经常攻打其他国家。由于秦国很强大，其他国家都很担心，但又想不到合适的方法抵御秦国。苏秦游说各国，提出了"合纵"抗秦的主张，即六国联合起来，一起抵抗秦国。

苏秦生于洛阳，而洛阳正是东周的都城。苏秦出生在这样一个地方，而且又有些才学，便想有一番作为，于是就去见周天子，结果没有见成。苏秦很生气，便把家产卖了，然后跑到别的"国家"，想要在别处施展才华。然而他在其他几国周游了一圈，一无所获，钱也用光了，没法活下去，没办法，只好再次回到洛阳家里。

他一回来，家里人看到他就来气，因为他当初变卖了家产就走了，也不管家人，现在竟然一无所有，穿着破衣烂鞋，又跑回来了。他亲娘把他数落了一通，他老婆都不正眼看他一眼，只顾织布。苏秦饿得不行，想让他嫂子给他做饭，结果他嫂子扭头就去做别的，同样不理他。苏秦受了很大刺激，心想自己一无所成，连自己的家人都看不起自己啊！于是他决定发奋读书，一定要有所成就。他不分日夜地钻研兵书，晚上看书到深夜，困了，就拿把锥子扎大腿，一疼，就会清醒许多，然后接着读。有时候深夜犯困打瞌睡，他就找根绳子，一头把头发系上，另一头系在屋顶的顶梁上，一打瞌睡头往下低时，因为上面有绳子揪着，头皮就会被揪疼，这样就又开始清醒地看书。后来人们所说的"头悬梁，锥刺股"，就是从这儿来的。

苏秦刻苦学习了一年多的时间，觉得已学有所成，有所收获了，便收拾行囊，重新游说各国。首先他游说赵国联合其他六国一起抗击秦国，赵国国君觉得苏秦说得有理，同意了，赏赐了他很多金银宝物，苏秦一下子发达了。在赵国的资助下，他又往返于其他"国家"之间，晓以利害，最终说服其他几国同意加入合纵抗秦的计划中，它们订立了盟约，任苏秦为六国之相。一般人能做一个国家的国相就很了不起了，苏秦一下子同时兼任六国之相，赵国国王还封他为武安君。秦国知道六国联合起来准备一起抵御自己的消息后，大吃一惊，之后的十几年中，秦国没敢再向六国发动大规模的战争。

关于这个故事还有一个很有意思的插曲。苏秦在落魄时，回到家，受到家人的一致鄙视。而当苏秦拜六国相，并被赵王封君的消息传到苏秦的家乡时，他的家人的态度来了个180度大转变。他的兄弟、妻、嫂，都为自己以前那样对待苏秦而有些后悔，所以他们一听说苏秦返回赵国要经过老家洛阳时，全家人准备了丰盛的宴席，跑到30里外的地方，把路打扫得干干净净，跪在地上迎接苏秦的到来。这种前后的对比，让苏秦百感交集。苏秦的挫折感不仅来自自己的一事无成，还来自家人对他的鄙夷，这让他受了很大刺激，也最终让苏秦化挫折为动力，发奋读书，并最终成功。

袁了凡是明朝的一个读书人，他在前半生的时候仕途不是很顺利，也没有儿子。有一次他遇到了一个高人，这个高人要他反省自己的缺点，让他看一看自己究竟有什么过失，导致了自己仕途不顺，又没有儿子。一经提示，袁了凡就马上回过头来反省自己的缺点。在仔细思考之后，他坦诚地说："余福薄，又不能积功累行，以积厚福，兼不耐烦，不能容人，时或以才智盖人，直心直行，轻言妄谈。"

他在反省自己为什么仕途不顺的时候，主要谈到了这几点：我自己的福分很浅薄，又不能多去做好事，多积阴功，来培养可以享受大的福报的根基；我做事没有耐心，对人不耐烦，又不能容人，别人有了过失我会把它记在心上，总也挥之不去，偶尔遇到了朋友呢，还会对他们提起；因为读了很多的诗书，自己才华横溢，有的时候因此而掩盖了别人的才华；说话的时候不经过考虑，也不知道它对别人有什么好的影响和不好的影响，直心直行，轻言妄谈。他说因为我有这么多的过失，所以才导致了我仕途不是很顺利。

在反省自己为什么没有儿子的时候，他也反省了六点。他说："地之秽者多生物，水之清者常无鱼。余好洁，宜无子者一。"意思是说，大地非常污秽肮脏，但它往往长出了很多的生物；清澈见底的水里却看不到鱼，因为如果有鱼就会被人给抓去了。了凡说他自己特别喜欢洁净，严重到有洁癖的程度，他说这是我没有儿子的第一个原因。

"和气能育万物，余善，宜无子者二。"意思是说，和气致祥，和气能够养育万物，但是我却喜欢发火，常控制不住自己的脾气，对别人乱发火，这是我没有儿子的第二个原因。

"爱为生生之本，忍为不育之根。余矜惜名节，常不能舍己救人，宜无子者三。"仁爱之心是万物生长的根本，忍，就是残忍，对别人的苦难毫不心动，不想去同情帮助他。这个残忍是不育的根本。我过分珍惜自己的名声，常常不能去帮助别人，这是我没有儿子的第三个原因。

"多言耗气，宜无子者四。"我这个人讲话喋喋不休，而说很多的话就会消耗自己的气，这是我没有儿子的第四个原因。

"喜饮铄精，宜无子者五。"我非常喜爱饮酒，饮酒之后常常烂醉如泥，也会影响自己的精气神。

最后他还说了一句话："其余过恶尚多，不能悉数。"除了这些过失以外，我还有很多很多的过失，不能一一加以列举了。

袁了凡先生的认识反映了古人的伦理观，但也对我们有积极的启发。他的仕途在日后也变得比较顺利，还生了两个儿子。到了晚年，他把改过的经历写给了自己的儿子，称为《袁了凡家庭四训》，简称为《了凡四训》。

袁了凡的故事告诉了我们什么呢？就是一个人要认识到自己的弱点是非常不容易的，需要我们能够坦率地面对。现在的人很多都有这样那样的人性弱点，不是贪财就是贪色，不是贪名就是贪利，总会有一两样放不下。

日本矿山大王古河在谈到自己的成功秘诀时这样说："我是把

别人已经掘尽的,再挖掘一次罢了。我认为发财的秘方就是忍耐二字,有恒心的人,才能得到他所要的东西。"成功者有时候需要耐心等待,用心把握当下的机会,做好每一件事情,才能一步步朝目标靠拢。

耐心,这一个看似简单的道理,却恰恰是许多人成功的引擎。耐心等待成功的机会,不抛弃、不放弃自己的梦想,执着前行的毅力,便是成功者的秘诀!但耐心不是简单忍耐,更不是盲目等待,而是在一条追逐目标的路途中执着坚持。

曾经的环卫工人赵孙立,如今成为全国知名的"化纤女裤大王",回首过去创业的历程,他坦言耐力是创业成功的关键。他说:"人们常说,胜者为王,败者为寇。我觉得创业则是'败者为寇,胜者为王'。在市场风浪中,能够坚持到最后的,往往就是胜利者。"20多年前,赵孙立仅有500元存款,从地摊个体户做起,到今天积累了上亿元的资产,并为数千人提供了就业和致富的机会。他说道:"我以前总以为做生意就是风风火火。可后来真的做了生意,才知道无论是什么生意,都不可避免会面临惨淡经营的状况。这时候,如果退一步就什么都没有了,所以耐心坚持下来就很重要。"当时,无序的市场竞争使赵孙立遭遇了前所未有的挫折,从1995年到1998年,他的工厂几度濒临倒闭。但是赵孙立绝不放弃自己的努力。经过长时间的调查和思考,他逐渐明白,企业如果想寻求长远发展,必须要有真正属于自己的品牌。

就是凭着自己非同寻常的耐力和坚持,赵孙立实现了从一个普通环卫工人到亿万富翁的梦想。目前,他的"娅丽达"品牌已经成为中国化纤女裤行业的领导品牌,年销售额逾亿元。雄狮是潜伏狩猎的卓越猎手,它们耐心等待猎物的出现,耐心等待最佳的攻击时机,耐心跟猎物周旋,直至咬断猎物的脖颈,它们才开始享受这胜利的大餐。因为它们清楚地知道,要捕获猎物,必须比猎物更有耐力。一位著名的推销大师,告别演讲只有一句话:"在人生的道路上,如果你没有耐心去等待成功的到来,那么只好面对失败。"

忍耐是人类成功必备的优秀素质之一,古往今来有太多太多的实例表明,有时候成功,靠的就是耐心!有耐心与没有耐心的人的差距,在经过一段时间的"考验"之后,往往就会暴露无遗。

股神巴菲特投资1000多万美元买入华盛顿邮报的股票,经过29年的耐心经营,这只股已经增值到93亿美元,成长了86倍,充分显示了耐心带来的丰厚回报。巴菲特选择投资目标时,预先做好充分准备和调查,了解该公司的产品、财务状况、竞争对手,乃至未来是否具有成长性。一旦选准股票,便大量买进然后长期持有。他说:"我从不打算马上靠它赚钱,我总是先假设这家公司马上要关门,然后几年之后又重新打开,恢复交易。投资人没有耐力等待,是不行的。"

忍耐、忍耐、再忍耐!这是迈向成功的关键一步,也是通向财富的胜利之门。很多人可能会不明白,靠耐心怎么能够发财?其实这个道理很简单,因为从本质上说,耐心就是信心。你一定要相信自己的判断,不能人云亦云,更不能随波逐流,在起起伏伏中丢弃了原有的信念。记住,只有坚持自己的目标和追求,有耐心、有毅力,你才可以走到最后!经营一门生意需要有"忍耐三年"的功夫。任何事业奠定基础,都需要假以时日,尤其是服务业或流通业均是这样。

例如:餐厅或小店在刚开业时顾客稀少,这种情形可能要持续一段较长的时间,呈现出半开半休的状态。有人在这种情况下就灰心地关门,但是有些人却耐住寂寞努力挽回颓势,慢慢地使自己的生意走上正轨。创业是这样,在职场也是一样,有些行业你刚刚开始进入时可能并不景气,但只要你稳扎稳打苦心经营,等到市场复苏时就一定能成为大赢家。很多著名的创业者就是通过自己的耐心和坚持,通过苦心经营,最终获得了成功。

当一个投资品种、一门生意、一个市场或者一个行业的价值还没有被真正挖掘的时候,它最需要的就是通过一段时间的演变来最终显示它的真正价值,这其中的获利空间显然是巨大的,而耐心在此时就可以帮助你赢得人生的辉煌!所以,要想抓到"猎物",你必须比"猎物"更有耐心和毅力!比聪明的猎物跑得更快,比跑得快的猎物更聪明。

一个人之所以成功,甚至成为传奇人物,并不是一蹴而就的,而是经历了无数的挫折与失败,并在挫折后努力奋斗得来的。这样的传奇人物在今天也不少见。

这些例子告诉我们,挫折给人以打击,给人带来痛苦和失望,但是它同时促人奋起,让人从中得到锻炼,并且逐渐走向成熟。当我们能够这样来看待生命中的挫折的时候，我们就会改变一些对一般的人和事物的看法。

我们仅仅知道如何认清挫折还是不够的，更重要的是要检讨挫折，吸取教训，这样我们才能从挫折中学习经验，让挫折成为指导我们成功的老师。

著名的成功学者威廉·A.沃德曾经说过这样一句话："失败应当成为我们的老师，而不是掘墓人；失败是暂时失误，而不是一败涂地；失败是暂时走了弯路，而不是走进了死胡同。"当我们能够这样来面对生活中的挫折时，我们就能够轻装上阵，并且采取战胜挫折的第二个步骤，那就是你必须检讨挫折，把挫折看成学习的机会。可是生活中有很多人遇到失败和挫折的时候就转而去做其他的事情，第一次不成功，就把以前所有的尝试都给否定了。但是成功的人在受到挫折的时候，却能够检讨挫折，吸取教训，并且从挫折中找到突破口，力争战胜挫折。要检讨挫折，我们首先要看清自己的弱点。看清自己的弱点需要我们有真正坦诚的个性。很多人都认识不到自己的弱点，也就没有办法克服自己的弱点了。

八、正视失败，找到前进的方向

联想集团总裁兼CEO杨元庆说："每个人、每个企业都有头脑发热的时候，所以在互联网时代，没有犯错误的企业不多。"在互联网大潮中，联想的诸多网站投资不算成功，如做FM365、跟AOL合作、入股赢时通等。然而面对失误，杨元庆没有抱怨，而是积极反省，正视自己的错误，带领集团向"服务的联想、高科技的联想、国际化的联想"转型。面对不可预测的未来，我们是在一次次犯错、一次次失败的基础上认识这个世界的。

当然，没有人想犯错，但又没有人能逃避错误，因此我们所能做的只有减少犯错的次数，而最重要的是我们怎么对待失误，用什么心态来看待所犯的错。对待自己的失误，人们表现出不同的态度。有的人很懊悔并设法改正；有的人却只会一味地懊悔；甚至有的人不肯承认，并为之掩饰。唯有那些懂得正视错误的人，才会积极寻求犯错的原因。学习教训，正视错误，是一种睿智的人生态度，更是成功者的一大良好习惯。

第二次世界大战之后，德国作为战时主要的法西斯国家之一，必须面对自己对世界人民犯下的滔天罪行。德国为此做出了彻底的反省，德国人民不但承认了错误，而且为不再让法西斯抬头做了很大的努力。为了表示他们悔过的诚意，德国的一位总理在第二次世界大战受害者的纪念碑下下跪。因此，德国人民换来了世界的原谅和尊重。

一个人如果不承认自己犯下的错误，不好好正视他所做的错事，那么他很可能再次犯同样的错误。只有认真承认对待自己的错误，才能避免重蹈覆辙，从而减少失误。正视一个错误，能让我们避免一类错误。古人说："知错能改，善莫大焉。"犯错并不可怕，可怕的是不去正视错误，不去改正错误，反而一错再错，直至跌入罪恶的深渊。就像一个人得了病，先要承认病情，看清病根，才能对症下药。倘若讳疾忌医，一个劲儿拖着、藏着，很可能从病入肌肤到病入腠理最后病入膏肓，结果一命呜呼。

阿里巴巴创始人马云曾说："我觉得网络公司一定会犯错误。网络公司最大的错误就是停在原地不动，最大的错误就是不犯错误。关键在于总结反思各种各样的错误，为明天跑得更好，错误还得犯，关键是不要犯同样的错误。"

遗憾的是，现实里的很多人都犯同样的错误，因为他们总是千方百计地回避缺点，掩饰错误，甚至文过饰非，把一切功劳归于自己，把一切错误推给别人。他们自己不敢照镜子，也不让别人照自己。对领导的批评，或百般辩解，或满腹牢骚；对下级的意见，或充耳不闻，或横眉冷对。久而久之，满耳朵全是恭维的话、奉承的话、顺从的话。

有一个流浪街头的修补匠对画画十分入迷，立志要成为一个伟大的画家。他每天早上起床的第一件事，就是大声地对自己说："你一定能成为一个像安东尼奥那样伟大的画家。"说了这句话后，他就感到自己真的有了这样的能力和智慧，他就满怀激情和信心地投入一天的工作和学习之中。10年后，他真的成为一位超过安东尼奥的画家，这个修补匠就是著名画家索拉利奥。

可是有时候，找到目标和方向还不够，因为前面的道路会坎坷、挫败不断，许多人可能会因为这样或那样的原因觉得自己不能做好这件事情，于是放弃自己的目标，最终与成功失之交臂。而雄狮一旦确定自己能够得到猎物，就不会中途退却，因为它们有着与生俱来的王者般的自信。这种信心，是它们能够战胜那些比它们还要庞大的动物的动力和决心。雄狮一旦认为自己可以胜利，就绝对不会半途而废。正是这种自信，点亮了它们的王者之路。

居里夫人为了提取纯镭，向科学界证实镭的存在，曾终日穿着沾满灰尘的工作服，在极其简陋的棚屋里，从堆积如山的沥青矿的废渣中寻觅镭的踪迹。条件极其艰苦，但她心里却充满自信："我们应该有恒心，尤其要有自信心！我们必须相信我们的天赋是用来做某种事情的，无论代价多大，这种事情必须做到。"因为有了这种可以抵御一切困难的自信，她终于获得了成功。

自信是一种力量，是成功的源泉。纵观古今中外的成功人士，哪个不具备超凡的自信？

美国通用电气前首席执行官杰克·韦尔奇，这个被人们称为"全球第一的CEO"，他最大的品质正是自信。韦尔奇曾有句名言："所有的管理都是围绕'自信'展开的。"正是凭借这种多年经营的自信心，韦尔奇获得了非凡的领导才能。他在担任通用电器CEO二十年的时间里，创下一个接一个的伟大业绩，从而成为20世纪美国最为出类拔萃的商界精英。

由一个只想着"以后从事不要跟人打交道的职业"的自卑内向者，到最终找到了自信心，创立了疯狂英语学习法的李阳说："自信心是最重要的。无论是目前找工作，还是工作后面对更多想象不到的困难，只有自己有勇气面对才能常胜。"

一位哲人说："自信是成功的第一要诀。所以信任你自己，并且心朝着这根弦跳动。"确定你的"目标猎物"，告诉自己一定要得到它，拿出雄狮那样永不退缩的自信，勇猛地扑向你的猎物。相信自己，这可以给自己战胜一切艰难险阻的力量，因为你不知道你的潜能有多大去积极捕获羚羊，不要消极地等待兔子。

《守株待兔》的故事人尽皆知，一个农民因为侥幸得到一只撞死在树桩上的兔子，就放弃劳动消极地等在树桩边，最后不但没有等到兔子，还荒废了原有的田地。人们嘲笑这个人守株待兔的愚蠢无知，可是有时候也只是五十步笑百步。现实生活中又有多少人在消极等待兔子的人呢？"这个工作上司没叫我做，先放放吧！""我永远也改不掉这个坏毛病。""顾客不上门，我才不会过去给他介绍推荐。""也许再等等，我时来运转，晋升的机会就来了。"这是不是很多人的思维呢？消极地等待机会降临，被动地等着别人命令、指挥你该怎么做，自己从来都像一个被人推着走的机器，别人不按"开始"键，你就总是不会主动运行。

正视自己的错误，需要真诚，需要坦荡，不怨天，不尤人，不推卸，不矫饰。因为任何错误都可以找到许多借口和抱怨的理由，而任何一种借口或者抱怨都无法抹杀错误的存在。怨人不如责己，我们要正视自己的错误，不要浪费时间埋怨别人。认真规划好每一步，有准备才能百战百胜。

古语有云:"凡事预则立,不预则废。"这就是告诉我们,做什么事情,都要有计划,没有计划的工作好比一团乱麻,摸不着头绪。一个人的人生需要规划,要一步一步做好计划和打算,企业需要策划统筹,不懂策划者,不能明白"磨刀不误砍柴工"的道理。

博恩崔西说:"成功就等于目标,其他都是对它的解释。"生活中,常常听到这样的口头禅式的目标:找一份好工作,成为有钱人,拥有一个幸福的家庭等。这都是一些想法,而不是真正的目标。它们的共同特征就是模糊,没有量化。

那么,怎么样才能让目标量化,具有激励自己的作用和可操作性呢?很简单,把大目标分解成一个个小目标,远大目标分解成一个个短期目标,这样一步一步规划好,目标就产生了真正的督促和指引的作用。纵观古今,凡是成大业者,为自己的目标追求拼搏的过程中,无不认真规划自己的每一步,因为只有认真做好规划,才能迅速走上正轨,奔向成功之路。

王辉耀20多岁大学毕业后,就一直把"折腾"二字融入自己的血液中。短短十几年,他从北京大学光华管理学院MBA教授,到北京高科技产业国际周"世界顶级企业首脑论坛"秘书长,再到站在国际商务、全球经济的舞台上展现一代"新华商"的大气与魄力,他马不停蹄勇往直前,书写着卓越人生的篇章。王辉耀对于自己的成功,有一条"真经":"时刻为自己做好人生规划。"他认为一个人要成功,首先要树立好目标,因为目标是成功的根基;其次要准确定位,不同的阶段做不同的事情;最后要有前瞻性的眼光,

"快半拍"就要比别人"强半拍"。

由此可见,规划人生的每一步,是迈向成功走近目标的开端。很多人之所以失败,就是因为没有好好规划好自己的人生。当今很多人找不到工作,或者在工作中因总是不如意而导致频频跳槽,都是因为没有正确做好自己的人生职业规划。

这是个真实的例子:一个重点大学计算机专业毕业生,成绩不错,毕业时激情满怀、充满憧憬,想好好施展一下才华。他来到一家IT公司,干了两个月,觉得这家公司太小了,施展不开,于是跳槽到了一家较大的公司。干了4个月,觉得大公司工作太单调,而且制度繁多,还不如小公司学到的东西多,于是又动摇了。正好同学谈到当前销售人才缺、薪水较高,他就去做销售。他又做了5个月,收获也不大,后悔自己走错了路,耽误了时间。

这时,下一届就业大军开进职场,他只好又和师弟们进行求职PK,此时他最大的愿望是有一份稳定的职业。终于,他又挤进一家公司拿到试用机会,谁知试用期还没过,世界500强公司开始大规模招聘,这机会岂能错过,于是他再次辞职,闭门充电学习。但是进500强谈何容易,毕业一年多,他总是做试用期的杂工,没实际工作经验,基础知识忘了不少,第一轮就被淘汰。于是,他再次成为"待业青年"。他现在觉得找份好工作难如登天,不明白自己为什么会失败。这位青年500强没进去,却成了"五跳墙"。是真的好工作不好找吗?未必见得。他有5次机会,但是他自己放弃了,频繁跳槽,最终无"槽"可归,这是他自己没有好好地进行职业生涯规划的缘故。所以，不好好规划自己的每一步，到头来会落个失败的下场。

现代社会的竞争十分激烈，不管是就业或者创业，都面临着巨大的挑战。在复杂多变的环境下，要实现自己的目标，就必须有盯住猎物一步一步靠近的耐力和智慧。规划好自己的每一步，积极应对环境的改变，抓住机会，才能无往不胜。

俗话说："机遇只垂青那些有准备的人。"只有能够主动出击的人，才是可能获得机会的人。等待机会不如创造机会，人生很多机会都是靠自己的主动得来的，只有主动，才会掌握先机，而消极被动的人，必然会被社会淘汰。你见过哪只狮子坐在太阳底下睡觉就会有动物乖乖撞死在它的门牙底下？你见过哪个人什么也不做就能等着机遇赢得成功？自然界的动物要生存，必须靠自己主动谋生获得食物，人也是这样，虽然我们不用像动物一样去捕食谋生存，也需要积极主动地去做好手头的每一件事。

九、要透视它，就让它完全失败

古往今来，人类所创造的辉煌成就，大多是经过多次挫折和失败才得来的。第一把石斧的发明，是人类祖先敲打了无数块石头才做成的；刘邦同项羽作战，开始时是屡战屡败的，在鸿门宴上差点丢了性命，后来被逼于蜀汉一隅，成皋一仗又几乎全军覆没，经历如此的波折之后才建立不朽的伟业；没有先人经历千百次的实验发明，就没有科学的进步……

爱迪生在发明电灯后，有人问他："你失败了1200次吗？"爱迪生回答："不，我成功了1200次，因为在这1200次中我发现了1200种材料不能用来发光！"

这就是科学，在失败了无数次后才会成功。整个研究发明的过程，其实就是一部失败的历史。科学是一个动态的发展过程，当我们仔细去考察它的时候，不难发现，其中不仅有令人瞩目的辉煌成就，而且包含着难以计数的失败和挫折。而这些失败和挫折，是更深刻、更富于启发性的，同样有着它存在发生的意义，一样的难得和丰富多彩。

华罗庚教授在谈到科学史时指出："不要认为科学研究是一帆风顺的，一搞就成功。一切发明创造都是经过许多失败的经历后才成功的。"由此可见，正因为有了失败，才有了经验，也才孕育着成功，才有科学发展史的出现。

对于从事科学活动的人来说，经历失败同样重要。英国科学家威廉·汤姆生一生发表了600多篇学术论文，荣获70种发明专利，获得了250多所学校和团体授予的荣誉头衔，他总结自己多年在科学进步上的贡献时，竟用"失败"二字来归纳自己一生的事业，这既是他自知与伟大的体现，也是我们从他个人事业史中感悟最深的总结。

在生活中，有些人不是被失败淘汰出局的，而是被失败吓跑的。如果我们能够像华罗庚、汤姆生那样，充分理解失败对于科学事业的重要意义，理解失败与成功的关系，那么，我们就会做好最坏的准备去迎接失败，战胜失败。无论从事什么事业，特别是那些富有开拓性的事业，必须要有这种思想准备。

由此看来，不论是谁，不论做什么事，要想获得成功，就必须准备接受失败的考验。人既要做成功的英雄，也要做不怕失败的勇者，而且只有不怕失败的勇者，才有可能成为成功的英雄。

法国著名的生物学家巴斯德说："字典里最重要的三个词，就是意志、工作、等待。我将在这三块基石上建立我成功的金字塔。"

不仅科学发展史上是这样，社会历史的发展也是如此，历史的长河总是后浪推前浪，一浪高过一浪，后人总是站在前人的肩膀上才创造出繁花似锦的历史新篇章。

所以，我们学会善待失败，它是人类最可敬的朋友！经历失败的人生才更精彩。

帕蒂·威尔逊曾经说过这样一句话："与其选择那既无失败又无成功的人生，倒不如选择有失败也有挑战的人生。"

是的，平静的湖面练不出精悍的水手，安逸的生活造就不出时代的伟人。如果一生中从未有过狂风暴雨的经历，始终活在宁静的天空下，那么人生便缺少了许多激情和趣味。只有经风历雨，劈波斩浪，才能见到美丽的彩虹！

帕蒂·威尔逊有着不平凡的经历和令人瞩目的辉煌成绩。13岁时得了癫痫病，可就是这个患有癫痫病的人却是美国著名的长跑运动员，她的精神与毅力不是一般人所能想象的。帕蒂·威尔逊生于美国西部一座小城市，属于中产阶级家庭，生活条件一般。13岁那年，她不幸患上了先天性遗传癫痫病，这使这个活泼可爱的小女孩遭受了沉重打击，从此脸上总是阴云密布。但庆幸的是，她有一个伟大的父亲。父亲为了改变她的现状，付出了很多努力。父亲心里明白，别人会歧视帕蒂，会以癫痫病为理由拒绝和她交往，这无疑会使女儿的生存信心遭受打击。所以，父亲天天鼓励她，让她相信她能够和别人一样，可以选择自己的生活方式和生活乐趣与目标，可以通过调整自己的生活态度战胜病魔缠身的痛苦。

有一天，帕蒂的父亲发现有人在人行道上跑步，这个人叫皮特·斯特拉德，天生没有双脚，他长大后定做了一双与众不同的马蹄形跑鞋，穿着这双鞋就可以跑步了。他上身穿一件运动衫，脚下穿一双奇怪的鞋子，每天都在人行道上练习。帕蒂的父亲十分好奇，便走过去跟他攀谈。结果，帕蒂的父亲深受感动。"这样的人都能坚持跑步，我们为什么不能？"帕蒂的父亲，决定也让女儿练习跑步，培养她敢于挑战的性格，从而让女儿建立起生活的信心。

为了让女儿对跑步产生兴趣，父亲自己每天早上先去跑步，以起到榜样和带头作用。果然不出所料，帕蒂不久后也跟着父亲一起跑了起来。日复一日，年复一年，父女俩一直坚持清晨跑步，从未间断过。

帕蒂对跑步越来越感兴趣，对生活也开始乐观起来。她开始思索一些人生问题，树立了更远大的理想和目标，对自己发起了一次又一次挑战。她想让患癫痫病的患者们都能和健康人一样工作。她想，如果我在这方面做得很好，不就可以让那些患者也有信心和我一样追求自己的人生目标了吗？于是她开始对自己的人生进行规划。

首先帕蒂调查了女子马拉松的跑步纪录，然后立下目标要打破这个纪录。她认为只要有充分的信念和不懈的努力，目标就能达到，为了证明癫痫病人并非一无是处，为证明自己能行，为了给那些注视自己的承受癫痫病折磨的人以希望和力量，她下定了不怕任何困难，哪怕是死也要坚持实现目标的决心。

她开始结合自己的实际情况，制订系统的训练计划和分期训练目标，那就是在高一结束的时候，能跑640千米；高二结束时，横穿美国，跑步到达华盛顿，与总统握手，以此来庆祝毕业。她的信心与目标强烈地冲击着她的内心，不管是输是赢，她都要奋力一搏。

人们怀疑帕蒂的耐力和实力，都认为一开始跑640千米的目标是不可能实现的。但是帕蒂每天早晨坚持跑大约1小时的路程，始终保持最佳的身体状态和心理状态。

那段时间，她的行为感动很多人。大家都支持她，为她加油，出版社还出版了《跑啊，帕蒂，跑啊！》一书。高二结束时，帕蒂已经做好了更远的长跑的准备，也做好了克服一切困难的准备。

帕蒂的同学们为给她加油，在马路上树起了一块醒目的标语牌，上面用红笔写着："前进，帕蒂，加油！"学校的乐队也演奏着预祝帕蒂成功的乐曲。

同学们和帕蒂一起宣誓："即使前面有高山，但我不会灰心，我要翻越它前进。我要寻找通路，挖掘通路，我要到达目的地！"

帕蒂带着家人的祝愿，带着朋友和同学的希望，带着那份要为癫痫患者做贡献的责任出发了。她离开起点迈出第一步，接着跑过了第一个路口，完成了最初的1千米……帕蒂的母亲在后面开着车跟着，车尾上写着："帕蒂·威尔逊，世界女子马拉松纪录保持者。"作为帕蒂的"守护神"，一旦帕蒂犯病，她可以马上进行抢救。

从加利福尼亚到俄勒冈有46千米，她成功地跑完了。就在这次长跑中，帕蒂的冻裂伤深至骨头，裂伤未好，又加上剧烈运动，她的双脚剧烈地疼痛起来。父母赶忙把她送往急救室，希望女儿别出什么大事。拍完X光片后，医生说是脚骨骨折。嘱咐她的父母说："不要让她再坚持下去了，否则会留下后遗症。"

帕蒂知道，几千双期待的眼睛正在注视着她，人们都在关注她所迈出的每一步。她反复对自己说："你已经出发了，你已决定献身了，你已发过誓言，你已经一步步前进了！"于是，她坚持自己的信念，固执地说："大夫，请用绑带把骨折部位固定住，这样我就可以继续跑下去了。"医生摇摇头说："不行，如果发生水肿，无论如何都是跑不了的。""我妈妈是个护士，可以让她用注射器把皮肤下面的积水抽出来，那样不就行了吗？"

医生感到万分惊讶,这种执着的精神和顽强的毅力深深打动他了:"嗯,这……也许……说不定能行……"

听到这些话,帕蒂立刻让母亲学习缠绷带的方法。

帕蒂就这样挑战自己,突破自己,脚下的路一点点延伸着。

帕蒂决定走海岸线这条路,因为她可以眺望大海,那种感觉让人心旷神怡。只是她不知道这条路绕远约500千米,但她终于到达了俄勒冈州的波特兰德市郊外。

陪帕蒂跑完最后1英里的是俄勒冈州州长,他和其他人一样关注着这个非同一般的长跑运动员。最后,全城的人都出来迎接帕蒂。这是对帕蒂不畏艰难、勇于挑战之举的最高赞赏与奖励。

失败的滋味是苦涩的,但所包含的道理却是甘甜的。失败和成功都有价值,失败的价值可能更大一些。成功了,一般人疏于思索,易于自满。失败了,则须面对挑战,硬逼着你思索,跨越失败,跨越困境,使人走向成熟和完美。

诺贝尔的成功来之不易。几百次的失败,总结教训,改进,再失败,再反省,再改进,每一次失败都离成功近了一步,同时跨越了重重阻碍。

美国哲学家杜威说:"失败是一种教育,知道什么是思索的人,不管他是成功或失败,都能学到很多东西。"

这就是伟人、哲人们对失败的认识。失败往往是黎明前的黑暗,只需跨上了更高的台阶,继而出现的是成功的朝霞。

在美国,有个叫作道密尔的企业家,专买濒临破产的企业,而这些企业在他手中，一个个都起死回生。有人问："你为什么总爱买一些失败的企业来经营？"道密尔回答："别人经营失败了，接过来就容易找到它失败的原因，只要把缺点改过来，自然会赚钱，这比自己从头干省力多了。"道密尔的聪明之处就是在于他懂得失败价值更高，别人不行的，他行；别人跨越不了的，他能跨越，把别人的失败变成了自己的财富。

人的一生其实是在不断失败中取得成功的一生，要么不行路、不做事，而行路、做事则避免不了失败；不行路、不做事却是另一种失败。人生在世，生死病残、旦夕祸福、成败荣辱，如风云变幻、日升月降、阴晴圆缺，不足为奇，失败是正常的。面对失败，需要的是沉着冷静，理性对待；以失败为镜子，找出失败的原因，跨过去，便是成功，就能到达成功的彼岸——那里阳光灿烂，那里鲜花盛开，那里硕果累累。

失败和胜利之间并没有一条不可逾越的鸿沟。胜不骄，败不馁是做人的品德。

人生的道路是不平坦的。无论是在学习还是在生活中，人人都会遇到一些阻碍或者坎坷，有些是无形的，有些是有形的。你在它面前只要不畏难、不停步，更别轻易言败，跨过去，就能获得成功。

假如你是一只小鸟，就应该知道天空中有狂风暴雨。假如你是一只小船，就应该知道海浪滔滔。只要你面对挑战，不畏艰险，你就能到达理想的彼岸。

"山重水复疑无路,柳暗花明又一村。"人生的路上,有平原、小溪,更有高山、大河;有灿烂阳光,更有风风雨雨,只有那些勇敢面对的人,才能像暴风雨中的海燕,得意扬扬地掠过海面,好像深灰色的闪电,不论任何困难,都绝不能服输。

在通往成功的道路上难免会有许多失败,失败像一块块绊脚石,阻挡着我们前进,摧残着我们通向成功的信心、勇气。有许多人面对一次次的失败选择了放弃,所以他们没有成功。也有许多人面对一次次失败只是淡然面对,然后笑一笑再接着干,所以他们成功了,获得了成就,实现了梦想。我们完全可以选择后者,得到成功,就看你愿不愿意付出了。只要你淡然面对失败,坚持不懈,你就会离成功越来越近。

第五章
从你的失败走向成功

现在,我们应该考虑成功了。因为,你已经将失败了解得很透彻,并且已经明白,该如何从失败中走出来并且远远地抛开它。

一、走出因从众带来的失败——铸就你的独特之处

　　法国心理学家约翰·法伯做过一个著名的实验，他把若干条毛毛虫放在一只花盆的边缘，使其首尾相接连成一圈，然后在花盆的不远处撒了一些毛毛虫喜欢吃的松叶，一连七天七夜，没有一条毛毛虫吃到松叶。它们一直一个跟一个绕着花盆一圈又一圈地走，直到饥饿劳累而死，或许动物世界的故事从来都是略显讽刺的，但是自诩万物之灵的人类又何尝不是如此呢？如今热火朝天的股市，有多少可笑而又可怜的"毛毛虫"跟风入股被牢牢套住，至今欲罢不能？无疑，这种现象在我们的生活中是多么频繁地出现，却为何又有那么多的人依旧随风而走、随波逐流呢？

　　心理学上称这种现象为从众行为。从众就是指由于群体的引导或施加的压力，从而使个人的行为朝着与大多数人一致的方向变化的现象。也就是我们通常所说的"随大溜"或"羊群效应"。羊群是一种很散乱的组织，平时在一起也是盲目地左冲右撞。如果一只羊发现了一片肥沃的绿草地，并在那里吃到了新鲜的青草，后来的羊群就会一哄而上，争抢那里的青草，全然不顾旁边虎视眈眈的狼，或者看不到其他地方还有更鲜嫩的青草。社会心理学家的研究发现，持某种意见人数的多少往往是产生从众心理的最重要的一个

因素。而我们也不得不承认，人数的居多优势已然是一个强有力的佐证。

无论是"羊群效应"还是"毛毛虫实验"，都深刻地警示我们：从众心理极易导致自我盲从，而这种盲从往往会转化成一个叫作失败的东西加在你疲惫的身躯上。要想成功，我们必须明白，从众，将覆灭人的个性与独特，而我们须得在为成功而搏的路上学会铸就一个独特的自己。

"木秀于林，风必摧之。"在一个团体中，谁做出与众不同的行为，往往会招致"背叛"的嫌疑，会被其他成员孤立，甚至受到严厉的惩罚，因而团体内部成员的行为往往都是高度一致的。从众行为原本便不是一个绝对错误的概念，盲目从众却毫无疑问地将带给你失败的痛楚。所以，我们必须在通往成功的道路上坚守住自己的独特之处，理智地对待"大多数"，清醒地看待"潮流"。莫让"从众"的行为浪费了自己为成功而付出的真诚与辛劳。

失败应该足以让我们明白盲目从众所付出的代价吧？失败，还是失败，那些还在股市里出不来的"毛毛虫"，那些还在街头斗殴的失足青年，你们是不是应该让自己清醒一下，这盲目的"从众"都带给了你们什么？刺激？财富？可是那真是你们最想要的吗？保存一丝你们的独特之处吧，一味地从众，失败将会是你们最终的归宿。

有一次看电视节目的时候，访问的对象是一个新生代歌手——范逸臣，一个看起来非常斯文，唱起抒情歌曲《I believe》非常动听的歌手。但是听到他说他国中的时候也曾经和同学拿着西瓜刀去找人械斗的时候，我真是吓了好大一跳。他说，一方面他在国中时因为不喜欢读书，所以没有办法和班上那群"好同学"混在一起；另一方面，在国中这个环境里，若是没有一个团体可以依附的话，是非常危险的事。于是，他靠到了那一群会打架的朋友那一边。当他拿着西瓜刀准备"出征"的时候，他内心充满了矛盾与惶恐，但是，他还是做了……

年轻人是一个极具个性的群体，也是一个极易跟风从众的群体，在现代社会，这种跟风被冠以"潮流"之名。人生原本就是一个不断跌倒又不断前行的过程，我们可以在这种跟风与从众中失败一次、两次，甚至三次，可是一味如此，那么我们的失败将会是一辈子。假如国中时候的范逸臣从众为恶，不知悬崖勒马，又怎会有机会展现自己歌唱这一独特之处呢？而今又怎么会有一首又一首的动人情歌呈现给大家呢？"天生我材必有用"，从众行为之后的失败并不可怕，可怕的是我们不能在失败的惨痛教训中思考自己的独特，不懂得在失败中铸就自己的独特之处。

唐万新，在福布斯2002年中国大陆100强富豪排名中居第27位，在杰克·韦尔奇的"GE模式"风靡全球时盲目采用了后者的经营路子，对公司采取了多元化、产业金融结合、并购等方法，导致他旗下的德隆集团不到三年就倒闭了。与唐万新一起陷入"从众效应"的还有原托普集团的宋如华、三九集团的赵新光，他们都盲目跟从了"GE模式"，导致一个飘零海外，另一个黯然离职。从这些事例中,"从众效应"的危害可见一斑。

然而,并不是所有人都盲目从众,同样是面对"GE模式"的席卷而来,海尔掌门人——张瑞敏却没有盲目从众,他邀请国内著名管理学家杨沛霆教授到青岛讲课,以批判的眼光评价"GE模式"。张瑞敏倔强地保留了自身的个性,也成功造就了海尔的辉煌!所以,在"从众效应"面前,我们应当坚守自身的准则,理智看待从众现象。必须坚守心中的准则,一哄而起、一哄而散是缺乏自制力与思想的小孩儿的行为,心中有准则的人做事会三思而后行。只有恪守心中的准则,才能在红灯亮起时停住脚步,才能在众多学生休憩时焚膏继晷、挑灯夜战,才能在人潮涌动的社会保持自身的独立性。

日本发生了9级地震,日本的核电站爆炸泄漏了,有些专家出于好意说多吃含碘盐,能提高人体抗辐射能力。专家的提醒本来是好意,到了民间,就被超市老板炒作成要闹盐荒的噱头了。商家为了挣钱恶意炒作固然可恨,但更可恨的是竟然有人就相信谣言,而最可怕的是很多人把谣言当成了真理去传播,不但自己去抢盐,还大有救世主的味道,电话一个接一个,挨个通知自己的朋友和亲戚——快去买盐啊,不买就再也买不到了啊!多么慈善,多么博爱。可到头来,这些人做了些什么呢?不但害了亲戚朋友放下多么重要的事情去抢盐,还扰乱了社会秩序。从狂放鞭炮到喝绿豆汤,从抢购板蓝根到席卷超市,再到此次日本大地震掀起的"抢盐"风波,迷信盲从风靡一时,抢购大潮横扫南北。于是,就有了"买东西买成杂货铺""抢盐抢成小盐商"的笑话。还有一些商贩原以为可以"囤积居奇",到后来落了个"忍痛割肉"的悲剧结局。

种种现象与失败的教训告诉我们,从众行为显然已经渗入了国民生活的各个领域。那么我们更有必要在这失败的教训中学会用理智来守护自己的独特之处。

《逃学老师》一书里提到"团体"的观念,也提到领袖的角色如何在团体里扮演着引导流行的角色,简单地说,还是一句话:"站在学生的立场来带领学生。"通常,最忌讳听到别人说:"我这么做都是为了孩子好。"我很想问这些人凭什么决定什么才是"好"或"不好"?有什么权利可以把自己的价值观强加在孩子的身上?就因为孩子不懂事吗?那么又做了多少的努力来让孩子懂事呢?还是觉得不懂事最好,这样就可以尽情地操纵他们。几千年的思想禁锢已然让人们的独特之处压缩得所剩无几了,却终究不能让人们明白,自然的才是最好的。没有人可以决定另一个人的一生,即便是自己的至亲儿女。生儿育女,不是为他们打造人生,而是让他们做最好的自己。教育的从众才是最可怕的,因为它会渗入人的思维,然后深化成一种盲目从众的态度。记得有人说过这么一句话——没有个性的人只是为别人活着。

相信很多人都有过从众行为的失败教训,相信这些教训能够让我们更好地学会用我们的理智去战胜从众的行为。用自己的头脑去思考、去分辨、去判断、去行动,不要"让别人的头长在自己的脖子上",铸就真正属于自己的独特之处。

二、不做错误的抉择——锻炼你的判断力

有一次，百度针对在校大学生求职前的心态进行调查。调查中，有这样一个问题：到目前为止，你所取得的成就有多少来源于个人努力？"90%""70%"，大学生朋友们给出的答案几乎全部高于50%。

有趣的是，在中华人民共和国成立六十周年时，一项针对企业家的调查中，很多企业家对这个问题给出的答案最高不超过30%，最常见的答案是在10%~20%。个人努力以外的成分是什么？SOHO中国董事长潘石屹给出的答案是"大势"。他觉得"势比人大"，而且"不是一般的大"。被视为"'80后'财富新贵"的茅侃侃，则有点儿极端地认为，人的成功，99%靠运气，1%靠自己。

不论他们的观点是否正确，可以肯定的是，当我们离开校园，进入职场，与这个社会接触越来越多时，我们无法驾驭的东西就越来越多，如大势和运气。大势如水，可以载舟，可以覆舟。我们虽无法驾驭，但可以判断它，并采取合理的行动。这种判断力超越了我们身上其他的能力，对我们未来的成就起到决定性作用。

"你们不让百度做独立搜索引擎，那我也就不干了。"2001年，在时任百度深圳分公司总经理刘计平的办公室，Robin正通过电话参加董事会议，几乎从没发过火的他低沉着声音说。

正是在这次会议上，Robin首次提出百度转型做独立搜索引擎网站、开展竞价排名的计划。然而，令Robin始料不及的是，这个提议遭到股东们的一致反对。

股东们之所以反对，一是因为对搜索行业不是特别熟悉，对竞价排名的商业模式不是特别理解；二是因为虽然Goto.com在付费排名模式上取得了一定的成功，但毕竟刚刚开始，未来可能存在一些不可预知的风险。在全球互联网行业还在遭遇寒冬的大背景下，百度不如稳扎稳打地做好目前的工作，少冒险、少犯错误。

更重要的是，当时百度的收入全部来自给门户网站提供搜索技术服务支持。如果百度转做独立的搜索引擎网站，那些门户网站不再与百度合作，百度眼前的收入就没了；而竞价排名模式又不能马上赚钱，百度就只有死路一条。从投资的角度来看，股东们的小心谨慎是可以理解的。

这次会议气氛非常紧张，大家争论得很厉害，Robin想尽一切办法去说服投资人，在电话里与同事们沟通了几个小时。以前，大家对Robin的印象是冷静、理智，很少大声说话，但这次在与投资人争论时，他变得前所未有的激动。后来谈到这次"大闹"同事会的经历时，Robin说，当时他觉得公司发展到了一个关键时刻，必须坚持自己的判断和观点。尤其这关乎百度未来发展的大方向、大问题，更是不能马虎。

当然，投资人最终被Robin说服，同意百度转型。2001年9月20日，百度正式推出了面向终端用户的搜索引擎网站www.baidu.

com，百度竞价排名系统也正式上线，百度中文搜索引擎正式诞生，这是百度发展史上具有里程碑意义的时刻。从此，百度从"在你成功背后"逐步走到前台，直接为用户提供服务，并迅速成长为全球最大中文搜索引擎。

不得不说，百度今天的成功，在很大程度上取决于Robin个人的判断力。

Robin的判断力，固然跟天赋有很大关系，但在很大程度上也是Robin长期有意识培养和锻炼的结果。在还是美国硅谷的一名工程师的时候，Robin就潜心观察互联网产业动态，将重要的心得记录下来，这些故事后来编成了著名的《硅谷商战》一书，总结了美国互联网发展的经验教训，为Robin在中国的创业提供了宝贵的判断和决策依据。

"一个人最重要的能力是判断力。"Robin在多个场合强调这句话，而被他亲自面试过的人都知道，这个CEO问的问题和别的老板不太一样，他给对方出的几乎全部都是判断题。因为互联网充满活力，瞬息万变，唯有在任何一个关键岗位上都找到具备卓越判断力的人才，百度才能以最佳的状态应对行业中突如其来的变化——既抓住机会又少犯错误。

"他们在全世界铺那么大的摊子，恐怕账上早就没有多少钱了，他们欠我们的货款已经拖了两个月了。"电话那边传来带着广东口音的抱怨声，王晨心头一紧：类似的抱怨他已经听到不下五六次，抱怨者的不满和忧虑全部指向那家声名显赫的跨国公司。

这是2008年夏天,王晨刚加入百度信控部不到一个月,他的工作就是在风险可控的前提下,利用信用工具帮助公司扩大销售。王晨正在调查的这家跨国公司是百度的客户,前不久,他们向百度信控部提出:因公司发展需要,希望推迟支付九百万元账款。

几天前,王晨接手处理这个case,他很快就决定批准这一申请,理由很简单:这家公司的知名度极高,肯定不会存在资金问题,完全有资格获得更长的回款账期。同时,王晨觉得,如果批准对方的延期付款申请,还有可能与客户结下更紧密的信赖关系,扩大客户的投放力度。

可就在王晨为自己能在短时间内"果断"决策感到自豪时,这个案子却被财务部总监韦方在复审时打了回来。王晨觉得自己好像被当头泼了一盆冷水,他又委屈又疑惑地找到韦方,想讨个说法。

"你常说我们每个人在自己的岗位上都要有判断力,而我的判断就是,一家如此知名的企业,值得我们以更长的账期、更宽松的付款方式去争取。"王晨想把心头的不解一吐为快。韦方看看王晨,笑了笑,不紧不慢地说道:"既然是这样的一家大公司,为什么会申请推迟付款呢?"

王晨愣了一下,自己的确没有考虑过这个问题。"你难道没有怀疑过吗?你的决定可关系着九百万元应收账款啊!"韦方接着说,"这样规模的公司肯定都明白账期方面的国际惯例,也应该有一套与之完全接轨的财务方案。如今,他们打破常规用公司信誉来换取账期,显然是非常态的行为。这说明,他们很有可能是最近在资金周转上出了问题。如此,对我们来说风险就比较大了,如果再提供更长的回款周期,就会成倍加大我们自身的风险。"

虽然心里暗暗责怪自己没有深想一步,但王晨还是有点儿不服气。他回到自己的工位,二话不说,开始查找这家大公司在中国的供货商,向他们了解这家公司的财务状况。三天之内,王晨通过电话、走访,与这家跨国公司的十余家合作伙伴取得了联系,而他们传达的信息都指向一个非常危险的方向:这家公司的现金流十分紧张,拖欠货款的情况很普遍。

王晨立即上网查询国外媒体对这家公司的报道,他发现这家公司自从2006年起,在全球新增了二十余个新的办事处,而华尔街的主流媒体也曾发表文章,对他们的盲目扩张表示忧虑。

于是,王晨用翔实的论据否决了这个客户的账期要求。虽然客户很不高兴,但王晨坚信,财务稳健是第一位的,扩大销售是第二位的。

韦方精准的判断力很快就得到了印证:2008年11月,全球爆发金融危机,这家公司的财务状况果然急剧恶化,发生了很多坏账。

此后,王晨迅速成长起来,他还经常把这个故事讲给部门的其他人听。他说:"我们信控部授予客户的周期虽然只是一个简单的数字,但事实上这个数字背后代表着你的判断力,什么都不能想当然，在每一天的工作中，都要时刻努力培养自己扎实的调研和数据分析能力，才能有越来越准确的判断啊！"

拥有精准的判断力，往往会在顷刻间让形势发生大逆转。

1985年夏天，北京上演着一场实力悬殊的商业竞争。刚刚创立、不为人知的联想与当时中关村赫赫有名的信通公司争夺中科院五百台进口电脑的验收服务业务。信通早已派人上门洽谈，而且其总经理与科学院装备处处长王永乐早有私交，形势对联想极为不利。

但是联想方面负责这个项目的李勤调查发现，王永乐是一个正直的技术官员。李勤判断，在王永乐心里，服务方的技术实力和人品肯定极为重要，而联想所属的中科院计算所的社会形象恰恰是最高的技术和最老实的工程师。这一判断让李勤看到了希望。

李勤使出浑身解数，上下奔走，四处游说，宣传自己的公司和计算所是一家，里面全是当时中国计算机界的精英人物，还做过大型计算机。相比之下，信通公司的很多人来自供销系统，懂技术的人不多。这一番话果然起到了作用，王永乐亲自调查了解后，知道李勤后面那些人不仅技术可靠，而且人品好。最终，这个大单让联想一下子赚了二十万元，成为联想成立后赚到的第一桶金。

李勤利用判断力让联想逆境制胜。也许世上从没有绝对的成败，每一件事情的成败，其实都取决于你在一瞬间所做出的判断，没有比提高判断力更能让你提高人生成功率的捷径了。

判断力不是天生的，而如果把做判断当成赌博，那结果可能比桑迪·韦尔所说的"犹豫不决"还要糟糕。

如果你不必在极短暂的时间内做出判断，你就可以利用各种可能的渠道，对你要判断的事情进行足够深入的了解。

很多时候，主流思维会成为独立判断的最大敌人，一不小心，你本来可能正确的判断就会受到干扰。

当年刘氏兄弟以一千元起步，靠养鹌鹑发家。很多农民见状纷纷跟进，结果鹌鹑过剩，价格大跌。很多人亏本，转行甚至干脆关闭养殖场。公司的决策层也提议见好就收，转做其他产业。

但刘氏兄弟判断，只要将规模继续做大，就能进一步降低成本，反而会成为市场里最有盈利能力的养殖者。他们反其道而行之，在四川建成中国最大的鹌鹑养殖场，很快赚到第一个一千万元。

保持独立精神，并不意味着刚愎自用。在做判断和决策的时候，也要做到"听多数人的意见，和少数人商量，自己做决定"。

形成这样的习惯：每天提醒自己做一次"刻意"的判断。比如，在看到一条新闻时，试着判断一下新闻事件下一步的发展，以及可能的影响。

做判断的事情完全可以信手拈来：看到一部电影上映，试着判断一下它的票房；听说一款新手机即将上市，判断一下它可能的售价；看看财经新闻，判断一下明天的股票指数。

但是要记住，判断要有根有据，判断不等于猜测。

三、没有摸不准的问题——提升解决问题的能力

为了成功，为了不再失败，从今天开始，你应该让自己没有摸不准的问题。发现了问题，很简单，解决它！

对于我们每个人而言，每一件事情基本上可以分为"知"与"行"。这里的"知"，可以理解是方向，是未明确的事物，需要研究，需要决策，需要判断才能明白的事物。这里的"行"，就是去做事，去把一件事完成，有结果，达到目标。

个人功能的大小，个人作用的大小，就在于我们能够解决多少个这样的问题。能力的大小，实际上是我们解决问题能力的大小。解决自己的问题，影响别人，领导别人，要求别人去解决各种问题，则是一种提升，是一种更高一层的能力。直接、间接地要求人，领导的人越多，并且能督促别人去真正"做"事了。你的作用，你的能力就越大。

一件事、一个问题，站在旁观者的角度，站在第三者的角度，好像都很明白，都很容易。但没人去做，去解决，再简单的事，再小的问题，永远都会存在那里，永远都是一件"问题点"躺在那里。知道问题，发现问题并不是困难的事，关键是如何解决问题。对于所有的问题，只要两种方式：你自己把这个问题解决了，或者你要求，你领导别人把这件事完成了。

海尔有一句话："管理本质,不在于知,而在于行。"现实工作中,往往都是一些是"知"的人。"讲"的人太多,"行"的人太少。我们每个人,都应该成为一个"行"的人,对于你的公司,对于你个人而言,都是非常重要的。

如果有人问你:"你有解决问题的能力吗?"相信没有人会回答:"没有。"我当然有解决问题的能力,否则我怎么能在职场上工作?这是每一个人共同的答案。

可是,一个真正具有解决问题能力的人,不论你把什么事交给他,他大部分时候都能把事情办成,不论这些事情有多么困难!

而这些困难的事,又可以分为几种不同状况:一是看起来疯狂,或者在大多数人的眼中,这根本是不可能完成的任务;二是一般的任务,但要求的标准超高,超乎一般的平均水平很多;三是没有足够的权力,其他单位又不配合,又需要其他单位配合才能完成的事;四是没有前例可循,全新的任务;五是难度不高,但工作繁杂、分量极大、无趣又艰苦的工作。

以上这几项如果你都能处理,才是真正有解决问题能力的人。

第一种状况是梦想家的能力,有想象力、不怕事、不自我设限,遇到不可能的任务,就当作挑战,全力以赴,潇洒走一回,还有相当的比例能完成;就算不能完成,自己在过程中,也能得到全新的经验。

第二种状况是自我要求很高的人的能力。虽然一般人的水平做不到，但"We are the best"，所以我们做得到。这种人绝对不会告诉你，别的单位如何，别人只能做到什么程度，因此上司对你的要求不合理。

第三种状况是办公室最常见的状况，你的任务需要许多单位配合，但他们又忙于自己的工作，或本位主义很严重，不愿配合。处理这种状况需要沟通协调的手腕再加上毅力，想尽各种方法，在没有上层权力支持下完成、解决。遇到这种状况，大多数人会两手一摊，我又不能命令别人，别人不配合，我当然无法完成，再不然就求助上司，要上司下命令。问题是，上司就是因为有困难，才会让你处于左右为难的情境，他指望的就是你能用"智慧"解决，用权力是无法解决的。

第四种状况是没路找到路的能力，这种人常具有冒险精神，勇于尝试，对新鲜事物具有探索及找到方法的能力。

第五种状况也是组织常见的情形，通常是苦力型工作，多数人不愿做，因此日积月累，最后变成办公室的死角，是人人避之唯恐不及的事。处理这种事，用的是决心、毅力、耐性与务实，这是"阿信"的能力。

有这五种能力，才是真正有解决问题能力的人。问题是大多数人不是这种人，是常人，而能解决问题的人是"稀有动物"。办公室多的是有知识、懂道理，只会动嘴巴，但不能解决问题的人。想一想，你是哪一种人？

"问题解决"所追求的是，找出问题的根本原因（本质的问题），然后想出解决办法。所以，如果能发现本质问题，就可以说问题已经解决了一大半。

但是，问题本质的发现是很难的，能够挑战困难，想出解决办法的人才是问题解决者。

即使想要解决问题，但只要没有发现本质问题是绝对不行的。因此，在现在这个未来不可预测并且新的成长模式没有出现的时代，才更需要发现并能解决本质问题的人才。

问题解决的技巧不是才能。很多经营顾问公司都是在新员工进入公司后才教给他们的，而在那之前，他们还完全不知道问题解决为何物。也就是说，问题解决的技巧是可以通过学习掌握的。

总之，即使现阶段不知道问题解决的技巧也完全没有必要悲观，只要充分学习正确的方法，就一定能够解决问题。

四、不再屈服于环境——提升面对环境的能力

人生道路上，常有坎坷和挫折，令人气愤的事并不鲜见。我是一个情绪化、容易发火的人，经常为一些莫名其妙的小事，跟周围的人大吵一番。甚至有时候只是听到别人的唠叨和抱怨，就怒火中烧。

很多20多岁的年轻人，在为人处世方面表现得不够成熟。跟别人谈得投机的时候，恨不得把心都掏给对方；而一旦遇到不顺心的

事，马上就跟着情绪走，变得像个打足了气的球一样，随时都会爆炸。这种情绪就像六月的天，小孩的脸——说变就变。

我们每个人的情绪都会时好时坏，这是不可避免的，毕竟范仲淹所说的"不以物喜，不以己悲"的境界，并不是那么容易达到的。但事实证明，没有任何东西比我们的情绪，更能影响我们的生活了。所以，年轻人应该学会控制自己的情绪，千万不要因为自己年轻气盛，而做出让自己后悔的事情来。

公司要裁员，内勤部的冬梅和婷婷出现在裁员名单中，规定一个月后离岗。那天，大家看她俩都小心翼翼地，更不敢和她们多说一句话。她俩的眼圈都红红的，这事搁在谁身上都难受。

第二天上班，冬梅的情绪仍很激动，有同事想劝她几句，她都怒气冲冲的，像吃了一肚子火药，谁跟她说话就向谁开火，对谁抱怨，开始说领导的坏话。以前她负责为办公室员工订盒饭、传递文件、收发信件，现在也懒得去理了。同事们看她一副要吃人的样子，也就不再支派她工作。

裁员名单公布后，婷婷哭了一个晚上，第二天上班也无精打采，可打开电脑、拉开键盘，她就把工作以外的事都抛开了，和以往一样勤恳工作。婷婷见大伙不好意思再吩咐她做什么，便主动跟大家打招呼，主动揽活。她说，是福跑不了，是祸躲不过，反正都这样了，不如干好最后一个月，以后想干恐怕都没机会了。婷婷仍然勤奋地打字、复印，随叫随到，跟同事们仍然谈笑风生。

一个月满，冬梅如期下岗，而婷婷却从裁员名单中删除，留了下来。主任当众传达了老总的话："婷婷的岗位谁也无法替代，婷婷这样的员工，公司永远不会嫌多！"

正是由于婷婷善于控制自己的情绪，才为自己迎来了"柳暗花明又一村"。

人们的情绪化行为，从心理学的角度来看，是一个人心理发展的障碍，让人变得缺乏理智、不成熟，甚至会成为不堪设想的后果的起端。

有人说，一个人生气时，他的智商只有5岁！无论他多大，当他在气急之时，思虑不成熟，情绪一发不可收拾，言语不知节制，表现失态，就像一个5岁的孩子一样的不成熟。在这种情况下做出的举动，当然是不顾后果的。

有一位企业家，素以行事稳健著称，即便每天身处瞬息万变的商场，他也几乎没有犯下过什么致命性的大错，所以，他所经营的公司也就日渐成长。

几年后，他要退休了。在荣退茶会上，记者们问他这几十年来的成功秘诀，他只笑笑说："其实我没什么特别秘诀，我之所以能顺利，是因为我懂得在愤怒的时候少说话、少做决定，不容易坏了大事。"

短短的一句话，却给当天在场的人上了重要的一课。

其实情绪的好坏是由自己掌握的：你以积极的心态去看待一切事情，你就是快乐的；你要是以消极的态度去看待你身边的事情，你就是悲伤的，快乐与不快乐就是一种感觉。

突如其来的变化往往会引发愤怒的情绪。现在想想，当你生气、发怒的时候，你通常是怎么做的呢？下面的几个词可以帮助年轻人有效地控制自己的愤怒情绪。

1.回避

愤怒时，要记住：闭嘴，不动。因为你的任何一句话，或一个小举动都会让事情变得更糟。你需要做的就是回避，找一个安静的地方自己待着。

比如，当你的同事或上司与你发生了争执，你正欲发火的时候，可以借机到外面抽一支烟，或是倒一杯开水。几分钟后，等你再次回到办公室，也许你的想法会有所改变，至少你不会像刚开始那样冲动。

2.冷静

愤怒是一个人很自然的反应。当人们面临危险或者压力时，很容易产生愤怒的情绪。然而，越是愤怒，越需要冷静。冷静地思考，你发怒的目标是否正确？即使目标正确，你的怒气会不会反而伤害了自己？你的怒气会造成什么样的结果？你发怒是否能解决问题？

3.调节

遇到不愉快的事，应多从好的、积极的方面着想，笑对痛苦，保持豁朗的情怀。不要瞻前顾后、想入非非，不要有过高的奢望，合理调节自己的抱负，有助于走出困境。当然，改变环境，也能起到调节情绪的作用，当你受到不良情绪压抑时，不妨到外面走走，看看美景。大自然的美景,对于调节人的心理活动有着很好的效果。

4. 发泄

有怒气在心中,为了不造成糟糕的结果,就需要一味地压抑在心里吗?当然不是!在一些不能发泄的场合,我们必须压抑不良情绪,但是长期的压抑也会导致心理不健康。我们需要给心中积攒的坏情绪找一个出口,将它们适当地发泄出来——像扔垃圾一样,把它们扔得远远的。发泄情绪的方法有很多,如大哭一场、找知心朋友倾诉、发发牢骚、唱欢快的歌、拳击、跑步等。

"和聋子比,我能听见;和瘫痪的人比,我能行动;和哑巴相比,我能说话。我不觉得自己痛苦,反而觉得很幸运。"盲人如此回答。

由此可见,一个人心里亮堂,就不怕世界漆黑。

这是个乐观的盲人,他的生活显然不是人们想象的那样痛苦。因为他能很清楚地认识到自己能听见、能行动、能说话,所以,他觉得自己不但不应该感到痛苦,反而感到很幸运。

有很多年轻人,觉得自己命运不济:生在一个贫困的家庭,跟同龄人比起来,自己一无所有,甚至生活都很艰难;自己一再努力,也得不到预期的结果。于是,抱怨道:"我的命怎么这么差?""为什么命运对我如此不公平?""这个苦日子什么时候才熬到头啊?"

其实,面对艰难困苦,影响我们心情和命运的不是外在环境，而是我们对待命运的态度。从这样一个故事可以看出这个道理：

有两个年龄差不多的兄弟，哥哥是城市里最顶尖的律师，弟弟却是监狱里的囚徒。一天，有记者去采访当律师的哥哥，问他成为如此优秀的律师，秘诀是什么？哥哥说："我家住在贫民区，爸爸既赌博，又酗酒，不务正业，妈妈有精神病，弟弟还小，我不努力，能行吗？"

第二天，记者又去采访成了囚徒的弟弟，问他失足的原因是什么。弟弟说："我家住在贫民区，爸爸既赌博，又酗酒，不务正业，妈妈有精神病。没有人管我，我吃不饱，穿不暖，不去偷去抢，能行吗？"

同样的环境，但是兄弟俩的态度却不相同，他们的结果也不相同。由此可见，影响我们命运的不是环境，不是身高，不是文凭，不是出身，更不是腰包里有没有钱，而是我们对生活的态度。

一个人若是对什么事都提不起兴趣，整天无精打采，给自己构筑一个小天地，在那里责备自己，或是怨天尤人，那么，他的自信心就会下降，生活也会越来越失败。只有用积极向上的心态、饱满的热情去面对生活，才会对自己充满信心，生活也会越来越好。

有一位女同事，不仅人长得漂亮，而且工作能力很强，性格开朗大方，是个阳光女孩。我们都以为她成长的经历肯定是一帆风顺的，因为她似乎从来就没有遇到过什么难事。大家都暗地里羡慕她，以为她出身于一个有权或有钱的家庭。直到一次她生病住院了，她妈妈来照顾她时，我们才知道，她并不是我们想象的那样有一个良好的家庭环境。

在她刚开始工作那年，父亲生意破产了，相恋多年的男友也在得知此消息的第二天弃她而去。

在她最需要帮助的时候，男朋友的离去让她悲痛万分。"不就是看上你家的巨额财产才跟你在一块的吗？现在你爸破产了，没钱了，我还跟着你，有什么好处？难道你真的以为我是爱你才跟你在一块的吗？你真的太幼稚了！"男友的话一字一句地扎进她的耳朵里，她被击垮了。

她原本以为，男友是真心地和她在一起，她付出了自己最真挚的爱，真心实意对待男友，却没有想到，男友欺骗了她。感情受伤的她一度陷入低谷，甚至偷偷买了上百粒安眠药准备自杀。

父亲看到意志消沉的女儿，本来想来安慰她，却无意间看到她买的安眠药，在商场上拼搏多年从不哭泣的父亲流泪了，他不愿意因为自己的缘故而伤害到自己心爱的女儿。父亲对她说："每个人都应该为自己活着，而且要活得更好！要让离开你的人知道，他们的离开是多么愚蠢。"

她被父亲的话惊醒了。从此她擦干眼泪，振作精神，她要活下去，而且要活得更精彩。正因为她选择了坚强面对，才使得自己从容面对一切，越活越精神。

一个人，当他坚信自己会活得很好的时候，他一定会为此付出努力，而他也一定会过上理想中的生活。一个人的命运并不像有的人所说的是"上天注定的",而是由自己的头脑和双手决定的。

在生活中,我们应该做一个内控型的人,要坚信自己的命运掌握在自己手中。我们要相信自己的处境是可以改变的。当我们遇到困难和曲折时,常常会抱怨命运不公,可能会有"听天由命"的想法。带着这种想法,我们就可能错失很多良机。伏尔泰曾经说过:"命运的主宰是人自己,而人自己的主宰是意志。"因此,当我们面临人生大大小小的考验时,应当全力以赴,以自己不屈的意志来迎接命运的挑战。绝不能被命运所左右,而要由自己去主宰自己的命运。

一个人生活,需要的是信念。有了信念,就有了奋斗的目标。不管遇到什么样的挫折和困难,我们都要有百折不挠的勇气,相信在我们辛苦地奋斗后,最终一定会有所收获。例如,有的年轻人在经历了一次又一次的应聘失败之后,并没有放弃自己的目标,而是总结经验教训,并努力学习,终于在最后找到了合适自己的工作。

我们应该为自己加油,冷静分析产生挫折的原因,认真寻找摆脱困境的途径,千方百计地克服困难,勇敢地战胜挫折,这样才能重新燃起希望之火。

五、规避意料之外的失败——锻炼你的应急能力

失败是个让人沮丧的概念,人类历史上大凡成功之人无不是在

体验完这一连串的沮丧后成功的。于是，我们便开始信奉失败乃成功之母这一无懈可击的定律，甚至已将这一定律烙上了滚烫而勇敢的心。

吕不韦有云："败莫败于不自知。"最刺痛人心的莫过于意料之事，最挫伤进取心的莫过于意外之败。可是成败往往只是一念罢了，这一念之差却通常被人们理所当然地感叹为"意外"。

宇宙于混沌中初醒，便生自然之法则。宇宙育万物灵长，万物皆法自然而生存。太阳高居于首，亿万年来却始终东来西往；地球浮于天野，始终绕太阳公转不息，从无意外；月华高悬于星空，逢十五而圆满从无意外。

天道如此，人世成败又怎会不法而易呢？意外之败亦不例外，一如"没来由的成功"，亦不存在"没来由的失败"。意料之外，其实却是情理之中。

"意外"常会使我们面对问题不知所措，常会使我们对突发事件百思不得其解。这常会对我们思考、办事造成障碍，甚至将问题变得更严重，所以我们面对问题，必须遵循客观规律，联系实际，透过现象探求本质，那么所有的问题都将退去"意外"的表象，以原本真实的姿态出现在我们面前。意外之败往往会让人感觉理所当然甚至不在乎，它往往是一种全面备战状态中出现的纰漏，而这一小小的纰漏却往往会直接导致失败降临。这就需要我们在这种意料之外的失败面前能够有着足够扎实、充分有力的应急能力。这将区别于我们传统观念中对失败与成功的局限性阐述与分析。意料之外的失败与应急能力的锻炼也便成为我们有必要探讨的一个话题，因为它同样也将引导我们走向成功，甚至会更好地指引我们走向成功。

2003年9月13日晚，墨西哥海滨胜地坎昆，各代表团团长挑灯夜战直至14日凌晨。在随后的新闻发布会上，世贸组织新闻发言人罗克威尔还对记者们表示，会谈正在向着好的方向发展。在分歧最大的农业问题上，各方都有松动的迹象。

然而14日上午，谈判突现波折：几个非洲产棉国因部长宣言里的相关内容没有达到他们预期的目标而直接挑战欧盟，反对欧盟强力倡导的发起新加坡议题(贸易与投资、贸易与竞争、政府采购透明度和贸易便利化问题)的谈判。至此，为期5天的世贸组织部长级会议黯然落下帷幕。

其实，坎昆会议失败出乎很多人意料，当记者从非洲代表处获得谈判破裂的消息，并向正在举行新闻发布会的美国贸易官员了解美国的反应时，这位官员立即目瞪口呆——这是近4年来，世贸组织第二次无果而终的部长级会议。此间舆论认为，会议失败不仅会给世贸组织本身蒙上阴影，也给当前的世界经济复苏带来不利影响。据世界银行的报告，如果谈判取得成功，贸易自由化会给全球经济每年带来8000亿美元的好处。世贸组织部长级会议从来都是向大好发展方向，圆满落幕。谁能料想到这次失败呢？不得不感叹意外。

"有志者，事竟成，百二秦关终属楚；苦心人，天不负，三千越甲可吞吴。"春秋五霸中的越王勾践——春秋最后一个霸主，一个卧薪尝胆的故事教育了一代又一代的人。可是又有多少人知道,这个坚韧的霸主也毫不例外地是因为吞下了意外之败才不得不苟且臣服于吴王夫差。在夫差为报父仇急欲灭越的形势逼迫下,勾践胸有成竹地选择了强兵以待,于暗中派遣了二百多死士偷袭吴军大营,不想吴军早有警觉,意外强大,偷袭不果,终于节节败退,王朝不保。自是有奇思妙想成竹于胸又何如,只得感叹,"意外"难当。

还有商业上的成功典范——欧洲迪士尼乐园,同样也品尝过意外失败之痛,1992年4月,欧洲迪士尼乐园开业仪式临近,迪士尼公司举行了一个盛大的交流会,目的在于向欧洲人宣布那个神话般的迪士尼乐园现在已与他们近在咫尺了,迪士尼公司还盛情款待了诸多来参观造访的出版社与媒体。盛大的开幕式与工作人员的热情给大部分的媒体人士留下了良好的印象。然而,这些公关方面的努力也因为开业仪式过于隆重以及没有提供接触迪士尼管理层的机会而受到了一些人士的批评。

令人难以置信的是,在1992年欧洲迪士尼乐园开业后不久,迪士尼公司就发现其无法实现预期的收益目标。欧洲迪士尼乐园的开业还正好赶上了欧洲严重的经济衰退。也正因为如此,欧洲游客远比美国游客要节省得多。很多人都自己带饭,不住迪士尼宾馆。例如,一名来自法国南部名叫柯琳的游客就是典型的"不花钱"的代表,在她与丈夫以及3个孩子在欧洲迪士尼乐园游玩了3天之后,她说:"那就是个无底洞。每当我们游览一个地方时,总有孩子闹着要买东西。"投资者的思考逻辑与推论或许是对的，但他们的预期根本就无法实现。

实际上，迪士尼公司最初是以实现收益目标来确定乐园的门票与酒店价格的，并认为无论是什么价格，都一定会有人光顾。欧洲迪士尼乐园成人门票的价格是42.25美元——比美国的还贵。在乐园门口的迪士尼宾馆旗舰店，一个房间一晚就要花费340美元，这相当于巴黎顶级酒店的价格，乐园宾馆的平均入住率降到了只有50%。客人们不愿意停留更多的时间、花费更多的钱在这些昂贵的商品与服务上。

迪士尼公司的管理层不久就意识到他们犯了一个计算上的错误。去佛罗里达州迪士尼乐园的游客通常会待上4天以上，与拥有3个主题乐园的佛罗里达州迪士尼乐园相比，来游览只有一个主题乐园的欧洲迪士尼乐园的游客最多只会待上2天。许多游客都是一大早来乐园游玩，一直玩到很晚，第二天一早结完账退房，再回到乐园进行最后探险。

尽管早期有人批评欧洲迪士尼乐园，但其主要问题不在于公众的接受程度低。欧洲人很喜欢这个乐园，自从开放以来，每个月都可以吸引近100万的游客，并很快就达到了原先的目标。游客们的惠顾使得欧洲迪士尼乐园成了欧洲花费最大、最吸引人的游乐园。但大量节俭的游客并没有让迪士尼公司实现收益与利润目标，也无法弥补其日益增长的管理开支。

其他的一些经营不当与预计错误也给迪士尼公司带来了损失，

其中最主要的是文化因素。一项不准在乐园内饮酒的规定使得欧洲人很为不满，因为他们把在午餐与晚餐时喝酒视为一种习惯（这项规定不久就被废除了）。迪士尼公司原以为星期一游客会少一些，而星期五则会多一些，并为此相应地安排了员工，但情况却恰好相反。迪士尼公司还发现游客人数有高峰期与低谷期，高峰期每天的游客人数要比低谷期的人数多出10倍。因此，在淡季时公司就需要解雇一定数量的员工，而这又违反了法国严格的劳动法律。

还有一件令人不快的事情与早餐相关。"我们听说欧洲人不吃早餐，因此缩小了餐馆的规模，"一位管理人员回忆道，"结果怎样？每个人都要吃早餐，我们不得不努力在仅有350个座位的餐馆里为2500人提供早餐，排队买早餐的人实在是太多了。"

迪士尼公司也没有预见到另一个需求，这次是来自旅游大巴司机的需求。迪士尼公司为司机们建造的休息室只能容纳50个司机，而在高峰期每天有2000个司机需要休息。"从不耐烦的旅游大巴司机到抱怨的银行家，迪士尼乐园真是得罪了不少的欧洲人。"

在1993年9月30日结束的财政年度里，这个乐园的损失已高达9.6亿美元，并且公司对乐园的前景也充满了怀疑。迪士尼公司与银行进行了谈判，希望能够重组债务结构与再融资。欧洲迪士尼乐园的惨败出乎开办人在法国可取天大利润的自信期望，其间存在太多意外的因素，如适逢欧洲严重的经济衰退期。但是，意外的失败却让欧洲迪士尼乐园更好地走向了成功，如今的欧洲迪士尼乐园精彩的活动引人神往，成为商业史上的传奇一页。

"最好的东西往往是意料之外，偶然得来。"确实如此。人们常常感叹生活中有太多的意外，却很少从这种种意外中汲取自己需要的东西，更不会把生活中的意外之败当作一堂成功前夕的预备课来看待。人们似乎总是习惯被事物的表面蒙蔽，喜欢在突如其来的失败面前执着于意外因素，只顾捶胸顿足惊呼"意外"，却不知从中吸取教训，用强大的应急能力化险为夷，化意外之败为成功。

"意外"常会使我们面对问题不知所措，常会使我们对突发的事件百思不得其解。这常会对我们思考、办事造成障碍，甚至将问题变得更严重，所以，这就需要我们在面对意外失败的时候能够表现出一种刚毅的态度——于意外之败中锻炼应急能力。这种应急能力可以是一种过硬的心理抗压能力，也可以是一种危急状态下灵活的补救能力，还可以是一种火烧眉毛情境下处之泰然的冷静，甚至是一种临危状态下正确而果断的判断能力。

中国太极讲究以柔克刚，同样，在意外之败来临的时候，我们需要一种清醒、一种冷静、一种果决、一种镇定、一种终将摘取胜利果实的勇气与自信，而非于急境中忙乱以待。人们需要做的不是在意外之败来临时或感叹时乖命蹇，或感叹意外使然。

有因必有果，有果必有因。意外之事，往往却是情理之中的。意料之外的失败，比意料之中的失败更能刺痛"勇士"内心，更能考验一个人面对挫折时的坚韧度。人们明白成功需要一次一次的失败去成就，很少去想，当你信心饱满地去迎接成功的来临，却不想成功于意料之外同你擦肩而过，那种痛楚是难以想象的。而一个成功的人却定要在这种情境下站起来。于意外之败中锻炼自己的应急能力其实在很大程度上是对自己获取成功的信心与信念的坚守,因为信心在那一刹那是最柔弱的,而信心与信念于成功又是最不或缺的。

世间诸多意外,其实皆有法可依,败,是一堂走向成功的课;意料之败,是一堂发现问题与坚定信念的课。坦然面对,处变不惊,法之自然,于意外之败中锻炼你的应急能力,冷静、清醒、自信、执着、果敢。坚守住你成功的信念,在意外之败降临那的一刻,以强大的应急能力挺过这道坎,你将收获更有意义、更有力的成功。是成功,也是成长。

意料之外,其实情理之中。意外之败,要学会面对,要学会锻炼你的应急能力,那么,成功将变得更加轻易。记住:成功的人不是赢在起点,而是赢在转折点,在转折点上莫高呼意外,只需勇往直前。

六、改善糟糕的人际关系——提升你的人脉力

在21世纪,有了一个新的词汇——人脉,你可以利用别人的时间、别人的知识、别人的智慧、别人的人际关系,来实现自己的目的,也就是说你拥有了一个好的人际关系。人脉是你一生中最大的财富,有人脉就有力量,有人脉就有竞争力。你的成功就赢在人脉

中！

　　一位美国某大铁路公司总裁史密斯说："铁路的95%是人，5%是铁。"因此，在现代商业社会中，一个人要想聚财，就先要聚人；只有有了人气，才会有财气；一个人只有积累了人脉资源，才有可能成功。所以，人是事业发展最重要的因素，是成功与否的关键。

　　埃尔默是一个善于建立人脉关系的成功人士。"我并不推销人寿保险。"埃尔默说。他的推销手段就是建立人际关系。之后人们就来购买他的人寿保险。埃尔默曾说："我经常把人们聚集在一起吃饭，有政治界、商业界，以及社会各界。不向他们推销保险，只是建立人际关系，然后就会有很多人从我这里购买人寿保险！要知道，推销东西给朋友是不需要技巧的，你想请朋友出去，或者请朋友帮忙，只要开口就可以了，所以，你不需要更多的推销技巧，你只需要更多的朋友，尽可能多认识一些朋友。71%向你买东西的人，之所以买是因为他们喜欢你、信任你、尊重你。"

　　埃尔默笑着说："我从来没有忘记我之所以在我的推销工作中获得成功，是因为有很多信任我的客户朋友。我由衷地感激他们，因此除了给他们提供周到的服务之外，我还时常向他们赠送一些小礼品以此表达我的心意。每一位客户每年都会收到我的感谢信、生日卡或者圣诞卡，你简直想象不到一张小小的而且费用价格低的生日卡能产生多大的作用。有一次，一个客户的孩子对我说：'当我年幼的时候，我父亲就给我买了保险，从那时候起您就每年给我寄贺卡,我一直把您当成我们家成员之一,在我知道什么是保险之前,您就使我想成为您的客户。'因此,这就是建立了人际关系的魅力所在。"

一个人的人脉资源越丰富,那么他赚钱的门路也就越多;你的人脉档次越高,你的钱就来得越快、越多。这已经成了人们有目共睹不争的事实。"人"是人、技术、资金三大条件的核心。如果你有足够丰富的人脉资源,那么资金和技术问题就能迎刃而解了。因此,"人"才是担负起一个人事业成功的关键。

只有"人"才是决定一个人事业成功的关键!关于人脉的说法有很多:人脉是金,人脉就是钱脉,人脉是一个人最重要的资产,人脉广泛铸造百万富翁;一个人有钱比不过"有人",事业从"人脉"开始人缘变财源;人脉是个人成功的第一生产力,人脉是秘密武器,只有盘活"人脉",人生才得以飞跃!人脉造就命运,人脉如命脉,人脉是无形的存折,等等。有人就有钱,有钱就有人,这两者相互依赖,我们只有具备和掌握了这两个命脉,才会百战百胜,永无败绩。人脉真可谓是神乎其神!人脉交情会让我们生命的转折很奇妙。

卡耐基训练大中华负责人黑幼龙曾经说:"完整的人际关系包含三个阶段,发掘人脉—经营交情—出现贵人。"其实说起来,等待"出现贵人"的阶段,除了人缘关系处理的技巧之外,最重要的还是要有内涵。"人脉力量"就是和一些关键人物获取联系的有利条件。

人们常说的一句话："一个好汉三个帮，一个篱笆三个桩""一人成木，二人成林，三人成森林"，意思就是说，如果要想事业成功，就需要有成大事的人脉网络和人脉支持系统。我们的祖先创造了"人"这个字，可以说是世界上最伟大的发明，是对人类最杰出的贡献。一撇一捺两个独立的个体，就是说人与人要相互支撑、相互依存、相互帮助，才能完全构成了一个大写的"人"，这个人字的形象构成完美地诠释了人的生命的意义。曾经有这样的一个人，他要为儿子找一所拥有"人脉"的学校到处打听，不论多贵、多远，不管付出任何代价，因为他想给他的儿子存一张"黄金"人脉存折。不管是谁都无法否认人脉之重要，只有你想当鲁滨逊，就是鲁滨逊还有个星期五。人类是群居的社会动物，需要人脉，所谓的"人脉"就是需要人与人之间互相帮忙而赖以生存，人与人之间产生了特殊的情感与利益关系。

在当今社会的确是人脉如命脉，只有拥有了人脉之后，它才能成为你的钱脉。但是我们一定要懂得维护来之不易的命脉，千万不可忽略了它，否则你离开了命脉就很难在社会上立足。

杰克·伦敦的童年，贫穷而不幸。十四岁那年，他借钱买了一条小船，开始偷捕牡蛎。可是，不久之后就被水上巡逻队抓住，被罚去做劳工。杰克·伦敦瞅空子逃了出来，从此便走上了流浪水手的道路。

两年以后，杰克·伦敦随姐夫一起来到阿拉斯加，加入淘金者的队伍。在淘金者中，他结识了不少朋友。他这些朋友中三教九流什么都有，而大多数是美国的劳苦人民，虽然生活困苦，但是他们的言行举止充满了生命的活力。

杰克·伦敦的朋友中有一位叫坎里南的中年人，他来自芝加哥，他的辛酸历史可以写成一部厚厚的书。杰克·伦敦听他的故事经常潸然泪下，而这更加坚定了杰克·伦敦心中的一个目标：写作，写淘金者的生活。

在坎里南的帮助下，杰克·伦敦利用休息的时间看书、学习。1899年，23岁的杰克·伦敦写出了处女作《给猎人》，接着又出版了小说集《狼之子》。这些作品都是以淘金工人的辛酸生活为主题的，赢得了广大中下层人士的喜爱，杰克·伦敦渐渐走上了成功的道路，他畅销的著作也给他带来了巨额的财富。

刚开始的时候，杰克·伦敦并没有忘记与他共患难同甘苦的淘金工人们，正是他们的生活给了他灵感与素材，他经常去看望他的穷朋友们，一起聊天，一起喝酒，回忆以往的岁月。但是后来，杰克·伦敦的钱越来越多，他对于钱也越来越看重。他甚至公开声明他只是为了钱才写作。

他开始过起豪华奢侈的生活，而且大肆挥霍。与此同时，他也渐渐忘记了那些穷朋友。

有一次，坎里南来芝加哥看望杰克·伦敦，可杰克·伦敦只是忙于应酬各式各样的聚会、酒宴和修建他的别墅，对坎里南不理不睬，一个星期中坎里南只见了他两面。坎里南头也不回地走了。同时，杰克·伦敦的淘金朋友们也永远从他的身边离开了。离开了朋友，离开了写作的源泉，杰克·伦敦的思维枯竭，他再也写不出一部像样的著作了。

1916年11月22日，处于精神和金钱危机中的杰克·伦敦在自己的寓所里用一把左轮手枪结束了自己的生命。

借助贵人，构建自己良好的人际关系。在当今活动很频繁的社会里，你若能在各种场合中把握住每一次交往的机会，那么你的人际关系会非常丰厚。我们都可能会遇到改变你命运的贵人，要相信，时代改变了，不论你在什么地方做什么，总之，一定记得打电话给同学、同事、朋友们，互相交流意见、想法，甚至认识一下彼此的朋友，这样都是很切合实际的做法。

许多时候，我们的人生总是会因为一句偶然的话，一堂课就可以改变我们的生活。甚至旅途中偶然遇到一个人都可以改变我们的生活轨迹，而且可能变得更适合我们。

有一次王言在汽车上碰到一个急着回家看望母亲的青年人，由于正好他们是去同样的一个地方，于是他们攀谈起来。他是某一家公司的总经理，而王言当时是个将要找工作的大学毕业生，本来只是想回到家乡找一份安安静静、稳定的工作。但是，对方的一席话，使她下定决心来到一座陌生的城市，在这位经理的帮助下，王言在一家公司上班了，她凭着自己聪颖的天分，现在已经是一家跨国公司的部门主管了，对一个二十多岁的女孩来说，这是一个非常难得的成就。她自己也原以为她会是一个守着小家庭、过一种淡然而轻松生活的"小女人"，现在她却成了一个国际大都市里一个耀眼的"金领"了。

从这个故事中我们可以看到,就因为一个偶然的机会改变了王言一生的命运,可见我们需要人脉,我们离不开人脉。

大家都知道寇克·道格拉斯是美国老牌影星,在他年轻时十分落魄潦倒,有一回,他搭火车时,与旁边的一位老者攀谈起来,没想到这一聊,聊出了他人生的转折点。没过几天,他就被邀请至制片厂报到,因为这位老者是知名制片人。如果寇克·道格拉斯的本质是一匹千里马,但也要遇到伯乐,这样一切才可能美梦成真。

发生在美国乔治波特的一个真实故事:一个疾风骤雨的夜里,有一对老年夫妇走进一家宾馆的大厅,想要住宿一晚。这家宾馆的服务生很无奈地说:"十分抱歉,今天客人比较多,房间已经住满了。若是在平常没有空房的情况下,我一定会送二位到别的宾馆。可是我不想让你们再一次置身于风雨中,你们何不待在我的房间呢?它虽然并不像宾馆里套房那样豪华,但是还是蛮干净的,因为我值班,我可以待在办公室休息。"这位年轻人提出的建议很诚恳。于是,这对老年夫妇接受了他的建议,并对造成服务生的不便致歉。

第二天,雨已经不再下了,老先生前去结账,这位服务生亲切地表示:"昨天您住的房间并不是宾馆的客房,所以我们不会收您的钱。"

老先生点头称赞:"你是每个宾馆老板梦寐以求的员工,或许改天我可以帮你盖栋宾馆。"几年后,他收到一位先生寄来的挂号信，信中说了那个风雨夜晚所发生的事，另外还附一张邀请函和一张到纽约的来回机票，邀请他到纽约一游。

抵达曼哈顿几天后，服务生在第5街及34街的路口遇到了这位当年的旅客，这个路口正矗立着一栋华丽的新大楼，老先生说："这是我为你盖的宾馆，希望你来为我经营，记得吗？"这位服务生惊奇莫名，说话突然变得结结巴巴："你是不是有什么条件？你为什么选择我呢？你到底是谁？""我叫威廉。我没有任何条件，我说过，你正是我梦寐以求的员工。"这家旅馆就是纽约最知名的华尔道夫饭店Waldorf，这家饭店在1931年启用，是纽约极致尊荣的地位象征，也是各国的高层政要造访纽约下榻的首选。当时接下这份工作的服务生就是乔治·波特（George Boldt），一位奠定华尔道夫世纪地位的推手。

他用自己的真诚改变了自己的人生命运。毋庸置疑的是他遇到了"贵人"，可以说人间充满着许许多多的因缘，每一个因缘都可能将自己推向另一个高峰，不要疏忽任何一个可以助人的机会，学习对每一个人都热情相待，学习把每一件事都做到完善，学习对每一个机会都充满感激，相信，我们就是自己最重要的贵人。

成功离不开人脉，来到这个世界上的人都希望成功，而成功对于我们而言又意味着不同的含义，但不管是什么含义，成功离不开人脉，成功与人脉有着密切的关系。

成功学导师戴尔·卡耐基说："一个人要想取得成功，15%靠个人能力，85％靠人际关系。"

大部分人既没有显赫的出身，也没有难得一遇的运气，要想取得成功，就需要拥有一定的人脉资源。斯坦福大学研究得出，在通向成功的路上，专业知识只起12％的作用，而88％的作用来自人脉资源。

在知识经济时代，如果想要成功，就必须营造一个成功的人脉关系，为自己积累丰富的人脉资源。生活中，我们不能缺少朋友。一个没有良好人际关系的人，即使再有知识，再有技能，那也得不到施展的空间。你的人脉资源越丰富，你所拥有的能量就越大。拥有了有效而丰富的人脉关系，也就获得了通往财富和成功之门的钥匙。

"世事洞明皆学问，人情练达即文章。"古今社会，成大事者都非常善于处理各种各样的关系。曾国藩是这方面的高手：善于选择朋友，借梯登高，给他人留面子，凡事留有余地。"宰相肚里可撑船"，以诚待人，宽和得众，不占他人半点便宜，建立广泛的人脉关系，联姻巩固自己的势力。这些可以说是他的不二法宝。

人脉不是金钱，但它却是一种无形的资产，是一笔潜在的财富。没有丰富的人脉关系，你将寸步难行。我们究竟离成功有多远呢？相信吧，不会太远。建立有效的、丰富的人脉关系并充分地利用它，因为人脉在成功的路上必不可少。

七、不再与机会"擦肩而过"——锻炼你捕捉机遇的能力

机遇对每个人都是公平的。机遇会造访某方面具有能力的人,也会指导身残志坚的人,鼓舞生活贫困的人。在徐本禹的脚步中,机遇是走进大山,将爱心播撒;在洪战辉的日记里,机遇是能够步入校园,获得真知;在邰丽华的人生中,机遇是登上艺术的舞台,展现华丽的舞姿。由此可见,机遇不是某些人的专利,每个人都可能获得机遇。

人的一生有很多机会,每一次机会都需要靠自己把握,把握住了机会,成功就近在咫尺!在检讨得失之间、成败之时,你是不是发觉自己曾经因为怠惰和迁就环境而拒绝了很多机会,是不是在每次拒绝之后才开始后悔?

生活中有很多机会,就是看你会不会把握!上天赋予每个人的机会是一样的,就看你会不会珍惜。一个人一辈子有多少次机会,谁也说不清,因为机会就在你的手中,你能给自己多少次机会,你就拥有多少次机会,因为一旦放弃了就机不再来。但是,只要勇敢尝试,就算没有达到预期目标,有累积的经验,都将助你在下一次机会出现时,朝着理想目标更进一大步。

善于把握机会的人,到处是机会;不善于把握机会的人,即使再好的机会来了也会错过。机会是在人生原野上驰骋的烈马,你

把握住了它，就能在未来的开拓中留下延伸的脚印；你没有把握住它，那么只能对着远去的机会独自品尝错过的苦涩。

　　施展能力把握机遇。席勒说："机遇就像一块石头，只有在雕刻家手里才能获得重生。"陈子昂饱读诗书，熟读经史，才能借摔琴之机展示施文，扬名洛阳；诸葛亮博览古今世事，精通天文地理，才能趁刘备求贤之机施展才智，三分天下；越王勾践卧薪尝胆，苦练精兵，才能趁吴国动荡之机率兵抗击，洗辱复国。所以良机能创造，在经过一段坚苦卓绝的奋斗后，良机就会出现，这是量到了一定积累后质的飞跃。

　　天上不可能掉馅饼，天下也没有免费的午餐，这个社会是现实的，如果你没有过硬的家庭背景，那么你就只能靠自己，不要放过任何一个对你有帮助的机会，不要总觉得自己不行而没有自信心，如果连你自己都不相信自己，那么你还奢望谁会来相信你？如果你觉得自己可以，就没人敢说你不行！在人的一生中，上天赋予每个人的机会是一样的，就看你会不会珍惜。

　　机遇对于不同的人有不同的意义。正如马丁·路德所说："良机对于懒惰没用，但勤劳可以使平常的机遇变成良机。"电影演员张晓敏原来是运动员，偶然被一位导演选中，扮演探春，此后步入影视圈，创造了自己的事业。而在《红楼梦》中饰演迎春的演员，也是被导演在街上发现的，可她表演平平，从此就告别了观众。从客观来说，她们都享有了同样的机遇，而一个创造了事业，另一个则和机遇握了一下手。从根本上说，有了能力才能把握机遇。

我们需要能力，才能在改变命运的"高考"中游刃有余；我们培养能力，才能在广阔的天空中自由翱翔；我们施展能力，才能创造机遇，在纷繁复杂的社会中立于不败之地。

机遇对于每个人都是公平的，有些人抓住了，有些人抓不住，有些人发现了，有些人茫然无知，有些人不断创造机会，有些人苦苦等待机会。其实机会就如璞玉，只有睿智的目光，才能看到内藏的美。

人的一生中，都会出现或多或少的几个机会。如果你抓住了它并利用好，你就能成为成功者。如果你任凭机会擦肩而过，也许你就注定要碌碌一生。

所谓"人生的道路很长，但关键的只有几步"，讲的就是对机会把握的能力。一个人能否取得成功，在很大程度上可以归结于他对机会的把握。

机会对于每个人来说都是平等的，关键是自己有没有把握住机会。当机会降临到我们身边时，有些人会试着抓住它，纵然机会常常与我们开各种"玩笑"，但是我们已经尽力了，无怨无悔。而另外一些人只会等待机会，不会把握机会，等到他意识到自己没有把握好机会时而万分悔恨。所以机会是每个人都有的，但许多人不知道他们已碰到它。

伟大的哲学家苏格拉底带着弟子来到一片麦地前，他告诉弟子们要在这块麦地中摘一株最大的麦穗给他，但是沿路只能一直往前走，不能后退，直到麦地的另一头。弟子们进入麦地里试着摘了几穗，不满意便扔掉了，总认为机会还很多，不必过早定夺，于是，一次次摘下，又一次次扔掉。在挑挑拣拣地过了一段时间后，苏格拉底对他们说，已经到头了。两手空空的弟子这才如梦初醒。

苏格拉底让弟子们去麦地摘一株最大的麦穗，目的是想让弟子明白一个道理，那就是把握机会。从这个故事中可以看出：人的一生仿佛像是在麦地里行走，总想摘到最大、最饱满的那株麦穗。有的人见到了那株饱满的"麦穗"，就不失时机地摘下它。有的人东张西望，摘下的总嫌它太小，心里想着最大的应该还在前头，以至于一再错失良机，到了尽头却是两手空空。追求的目标，应该是远大的。但把握住眼前的机会，这才是实实在在的。机会不等人，要勇于把握身边的每一次机会，哪怕是一次小小的成交，哪怕是一次不成功的谈话，哪怕是一次拿不定的主意……都不要错过。

因为生命的厚礼，只给那些善于把握住机会的人。太多的时候，有太多人总是迷惘徘徊，缺乏自信心，没有足够面对困难和挑战的勇气，总是让机会擦肩溜走，也因此经常被很多用人单位拒之门外。他们总是在又一次失败之后开始埋怨自己的不对，时间、机会就是这样悄悄地在他们的叹息中溜走了。

一位美国少年，他在8岁时，身体虚弱到了极点。在课堂上老师让他站起来读课文，每一次他都是很紧张，语言断断续续，张口结舌，同学们都嘲笑他是"低能儿"，就连他的班主任也多次对他的父母说，这个孩子先天不足，不如让他早点退学，找点小事做算了。可是这位少年不甘心,他知道造成自己备受歧视的原因——身体虚弱。

他想,只有让自己加强体育锻炼,才能慢慢恢复体力。于是,他开始去骑马、划船和做剧烈的运动,可是他的付出要比别的健康孩子多得多。苦难的经历磨炼了他的意志。十年之后,在他上大学期间,他已经是一个精神饱满、体力充沛的青年了。后来,他经常在假期中到亚烈拉去追逐野牛,到洛矶山狩猎巨熊,最后,他带领马队,在与西班牙的战争中,立下了赫赫战功。这位少年,就是美国历史上第一位连续四届担任总统的富兰克林·罗斯福。没有人天生就是领导者,没有人的成功是一蹴而就的,人生难免有失败和难过,但是机会要靠自己把握,自信心要靠自己建立。

任何一件事都不是事先成功地摆在你面前的,它需要你的智慧去开启它、点亮它,才能让它熠熠生辉。人生可以想象,可以计划,但不要空想。不要以为会有某某企业的董事长突然跳出来,然后出其不意把你挖走。

机会只偏爱有所准备的人。果断坚定,把握机会,就可能品尝成功的快乐;犹犹豫豫,思前顾后,就会错过很多机会,甚至留下永远的遗憾。

一个年轻人渴望娶农场主的漂亮女儿为妻,于是,他就到农场主的家里求婚。农场主仔细打量了他一番,对他说:"跟我到牧场去,我连续放出三头公牛,你若能抓住其中任何一头公牛的尾巴,我就答应你。"

于是，他们来到了牧场，年轻人站在牧场中央焦急地等待着公牛的出现。一会儿，牛栏的门被打开了，一头公牛向年轻人直冲了过来，这是他所见的最大而且最丑陋的一头牛了。他想，下一头应该比这一头好吧！于是，他跑到一边，让这头牛穿过牧场，跑向牛栏的后门。

过了一会儿，牛栏的大门再次被打开，第二头公牛冲了出来。然而，这头牛不但体形庞大，而且异常凶猛。它站在那里，蹄子刨着地，嗓子里发出"咕噜咕噜"的怒吼声。他想：这头公牛真是太可怕了，我要是抓住了它的尾巴，肯定会被他踢死了。无论下一头怎么样，总要比这一头要温顺一些吧！于是，他又错过去了一次机会。

又过了一会儿，牛栏的门再一次地被打开了。这时，从牛栏里走出了一头身材矮小又非常瘦弱的公牛。这时，年轻人的脸绽开了笑容，心想：这就是我要等的那头牛。当这头牛向他跑来时，他看准时机，猛地一跃，要去抓牛尾巴，不料却扑了空。因为这头牛没有牛尾巴。

这是一个令人遗憾的故事，一次又一次的机会摆在他的面前，可是他却被眼前的困难吓退缩了。他不是没有机会，而是没有把握住机会。

生活中有很多人就像故事中的那个年轻人一样，对眼前的机会没有把握好，就在犹豫的一念之间，机会已经远走。人生路上，机会稍纵即逝，要好好把握住机会，因为把握住机会就等于成功了一半。

"机不可失，时不再来"，如果把握不住，机会就会像流云一样从你面前飘然而过，所以机会来时要当机立断，充分把握住机会，如果你抓住了它并利用好，你就能成为成功者。如果你任凭机会擦肩而过，也许你注定就会碌碌一生。

这就是为什么对有些人来说，机会是引火的火种，可以借助它点燃人生道路上的熊熊大火；而对另外一些人来说，它不过是一个漂亮的烟花，灿烂之后，就只剩下了余灰。

当我们遭遇困难、危险的时候，如果没有勇于尝试的精神，怎么知道自己能不能冲破难关，怎么知道结局会如何？通往成功的道路会有很多条，但是前进的交通工具只有一种，那就是勇往直前。不要老在前进的道路上扔石头阻挡自己，如果你连双脚都没有跨出去就退回了原点，那么在你的人生中，你能把握多少次机会和幸运？

有位名人曾经这样说过："创造机会的人是勇者，等待机会的人是愚者。"机会是一个美丽而性情古怪的天使，她来到你身边的时候总是悄然来临，以至于你有时并未察觉。因此，你若稍不留心，她就将翩然而去，不管你怎样扼腕叹息，她却一去不再复返。

俗话说："天下没有白吃的午餐。"没有耕耘就没有收获，机会也不例外，机会的发现、利用是以努力为代价的。一些人之所以不能成功，并不是因为没有机会，并不是幸运之神从不照顾他们，而是他们缺少自信和勇气接受机会的挑战。

其实每一个想要成功的人都应该明白，等待机会是无法创造奇迹的，只有愚者才会一味去等待机会。纵观古今聪明成功的人无一例外都是抓住了眼前不可多得的机会，才有了后来的成功。

为什么你会不成功，为什么你赚不到钱？原因其实很简单，那就是你不懂得为自己创造机会，而是一味地等待机会。

其实我们不难发现，但凡事业成功的人都有这个特点，就是敢干！而且能抓住身边的每一个可以成功的机会。他们也知道，没有投入就没有回报，天下没有免费的午餐。但机会也是不容错过的，试想如果陈天桥只是一味地等待机会的话，等到现在网络游戏都出来的时候，他再出手，岂不为时晚矣？那么他还可能是一个亿万富翁吗？答案是绝对的：不可能，因为他已经错失了网游的最佳时机。

成功学鼻祖拿破仑·希尔说："别人都能看出来的机会，绝对不能算是机会。"千万不要等到万事俱备以后才去做，这世界永远没有绝对完美的事情。如果要等所有条件都具备以后才去做，那么你就只能永远等待下去，你将会失去所有的机会。

难道你不觉得这是个完全错误的观念吗？他们只是一味地去等待机会，而不是靠自己去创造机会。相信这些人必定不会成功，因为机会毕竟不是靠等待而来的。在今天竞争这样激烈的社会，只有通过自己的努力，利用各种客观条件为自己创造机会才能让自己的才华得到施展，才会拥有一个更大的发展空间。

其实只有弱者才错失机会，庸者才等待机会降临，唯有强者是为自己创造机会。所以你想要成功，千万不要等待机会，而要创造机会。时刻记着，机会是给有准备的人准备的，我们的想法确实很好，但千万不要只沉浸在幻想中，大胆为自己去找寻，也许连我们自己都觉得这是不可能实现的事情，可能幼稚得很，但这并不重要，重要的是，正是这种天马行空和勇敢才能让奇迹成为真正的可能。

一些软弱的人和犹豫不决的人总是借口说没有机会，他们只是一个劲地喊："机会，请给我一个机会！"其实，每个人生活中的每时每刻都充满了机会，你需要做的事情只有一件事——行动起来，大胆尝试。

网络里面充满着机会。那么你想让别人把金子都淘走，还是自己也淘点？也许你在网上看过很多类似的信息并且不屑一顾，很多良机就这样错过了。

等待机会是一件愚笨的行为。因此，不要以为机会像是一个最终会到来的客人，等待它再敲门时，把它迎接进来，恰恰相反，只等待机会的人永远不会得到较好的发展，机会是不可捉摸的，无影无形，无声无息，它有时潜伏在你的工作中，有时徘徊在无人注意的角落里，而你不用苦干的精神，努力去寻求创造，永远得不到它，机会只是偶尔的，不是长远的。

世界首富比尔·盖茨说："机会与我们的事业休戚与共，它是一个美丽万分而又脾气古怪的天使。它会忽然来到你的身边，如果你稍有不慎，它又会飘然而去，不管你是如何扼腕叹息，从此它都将一去不返,永不再来。"

在生活中我们会常常听人说这样的话:"我不是不行,而是没有机会,如果机会到了我就会功成名就……"

人的一生,机会少得可怜,而且稍纵即逝,单单守株待兔一样去守望、去依赖那些不知何年何月才会降临的机会,往往很难实现最大化的成功。真正的成功者,不但要善于把握机会,更要善于创造机会。

无论你是一家公司的总裁还是一家公司里的小职员,对于机会而言,对于每一个人都是平等的,在工作中,其实处处有机会,因为机会对每一个人都是均等的,只有懂得珍惜它的人,才能知道它的价值,只有持之以恒地追求它的人,才能得到它的青睐。你付出的越多,你抓准的机会就越大,相反,你付出的越少,成功的机会就越渺茫。现在有些人把学业上无建树、工作上无成绩一概归咎于没有机会,以为自己才华盖世而不遇良机,只会发"姜蒿隐没灵芝草,淤泥藏陷紫金盆"的感叹,永远也尝不到成功的甜果。

无数研究表明,对人的一生产生决定性影响的机会是不会很多的。大凡成功者,对机会的来临都有一个比较敏锐的预测和判断,当别人还在观望、徘徊的时候,他已经捷足先登抢占了先机,等到其他后知后觉的人一拥而上时,已经是时不我待。

所以不管你等待多久,机会不会自动前来敲门,机会是靠人们付出艰辛劳动的,那些企图待别人为你制造奇迹或期待明天出现奇迹的人,是不切实际而且必遭失败的幼稚想法。从这个意义上讲,任何成功是主体努力争取的结果,世上没有救世主,机会永远等不来,只能靠自己努力争取。

八、远离自信的挫败——磨炼你的承受力

不管你承认不承认,人生道路是曲折的。人生就像一次远航,难免碰到险风恶浪。现实中的一些人,在遭遇逆境和挫折时一蹶不振、自暴自弃,此举无异于自葬前程;而另外一些人则是勇敢面对逆境,并战胜它,最后成功地到达了"彼岸"。

逆境,可以是大自然的莫测风云,也可以是人际间的是非恩怨;可以是不痛不痒的歧视偏见,也可以是明目张胆的陷害打击;可以是飞来的横祸,也可以是人为的事端。所以,逆境常常可以把弱者的精神摧垮。但是,只要我们坚定信念,那么逆境也可以为我们提供意志的磨刀石、信念的冶炼炉、灵魂的再生地。

逆境是一把利剑,是可以倾覆弱者生活之舟的波涛,同时是可以锤炼强者钢铁意志的熔炉。逆境就是一种挑战,强迫着人们通过不断应战激发创造力,从而不断地进步和发展。因为逆境是永远不会去适应你,逆境中只有你改变自己去适应它。

在人生的道路中,只有敢于正视逆境,把逆境看成严峻的考验和磨炼。始终坚定信心,积极利用各种可以利用的因素,做好准备,待时机成熟,奋力搏击,使逆境成为人生旅程上的一个闪光

点。

并不是每一次不幸都是灾难,早年的逆境通常是一种幸运。与困难做斗争不仅磨砺了我们的人生,也为日后更为激烈的竞争积累了丰富的经验。

例如:鹿在狼的威胁下,鹿不得不提高自身能力,以抵御狼的袭击,从而使它们更好地生存并发展起来。由此可见,逆境锻炼了鹿的生存能力,使它们得以生息、得以繁衍。

鹰为了生存和延续生命,竟然让幼鹰在险境中学会飞翔的本领。人类亦然,生存的道路布满荆棘,坎坷不平,在重重磨难面前,不退缩,不放弃,否则就会失去生存的机会。所以逆境是面镜子。我们可以通过战胜逆境的水平反映出一个人的勇气和意志力。

逆境促使人生存,促使人奋进。我们应该学会在逆境中看到希望。因为希望是人类思想中积极、重要而且必需的一部分,希望不仅可以给我们力量,让我们撑过困境,更可以扭转逆势。

人们应该在逆境中磨炼自己,将逆境扭转成顺境,这样不但可以使我们领悟到人生真正的价值,而且可以使我们享受到人生的快乐!

在人生的道路上,不可能总是一帆风顺,必然会遇到逆境。在逆境面前,我们必须实事求是,承认现实、接受现实,坦然面对,以坚强的意志,克服困难,渡过难关。

人们都应该随时做好迎接一切灾难来临的思想准备,在顺境中要做到不要忘形,在逆境中要坚强,适者生存,最终不被打倒的就是强者。相信经过了这些冲击之后，一切又将会变得好起来。

逆境可以使弱者走向沉沦，也可以使强者走向新生。顺境，是好花不常开，好景不常在的真实的故事，既可以使强者走向巅峰，也可以使弱者跌落浪谷。逆境是一座迷宫，只要你有勇气，就能在出口处为自己的勇气而感到骄傲。

鲁迅先生说过："真正的勇者，敢于直面惨淡的人生。"每一个人都有超出自己想象的潜力，当我们超越了来自自身、家庭、社会的桎梏，将自己的"能量"尽最大释放出来，才算是真正地具备了人才的素质。只有这样的人才成功概率才会更大。

从古至今，"逆境出人才"的例子比比皆是，数不胜数。在苏武出使匈奴的第二年，汉武帝曾两次出兵攻打匈奴，一次是以贰师将军李广利带兵二千，另一次是李陵带领步兵五千，但结果都以失败而告终。而且第二次李陵被捕后，投降了，为此汉武帝把李陵的妻儿都下了狱，并召集大臣商议李陵的罪行。大臣们都谴责李陵不该贪生怕死，向匈奴投降。当汉武帝问到司马迁时，司马迁说："李陵带去的步兵不满五千，他深入敌人的腹地，打击了几万敌人。他虽然打了败仗，可是杀了那么多的敌人，也可以向天下人交代了。李陵不肯马上去死，准有他的主意。他一定还想将功赎罪来报答皇上。"汉武帝听后，认为司马迁为李陵辩护，勃然大怒，说："你这样替投降敌人的人强辩，不是存心反对朝廷吗？"后将司马迁下狱，并定下了罪，身体也受了腐刑。受腐刑是一件很丢人的事，他几乎想过自杀。但是当时他正在用全部的精力写一部书，就是我国古代最伟大的历史著作——《史记》，还不能死。可是现在他的身体受了刑，也毁了，没有用了。但是他又想周文王被关在羑里，写了一部《周易》；孔子周游列国的路上被困在陈蔡，后来编了一部《春秋》；屈原遭到放逐，写了《离骚》；仲尼厄而作《春秋》；孙膑被剜掉膝盖骨，写了《兵法》……这些著名的著作，都是作者心里有郁闷，或者理想行不通的时候，才写出来的。我为什么不利用这个时候把这部史书写好呢？于是，他把从传说中的黄帝时代开始，一直到汉武帝泰始二年（公元前95年）的这段时期的历史，编写成一百三十篇五十二万字的巨大著作《史记》。他所著的《史记》既是一部伟大的历史著作，又是一部杰出的文学著作。在我国的史学史、文学史上都有很高的地位。试想如果司马迁在当时的逆境中自寻短见，《史记》又怎么会创作出来，司马迁又怎么会在史书上留下一笔呢？

所以我们不要被逆境吓倒，更不要在逆境中屈服，要学会在逆境中生存，学会身处逆境不畏难，敢于攀登勇向前。我们生活的时代就是一个充满着挑战和机遇的时代，生命的价值就在拼搏和创造中得到真正体现。

人才往往是在逆境中成长起来的，任何的逆境对于生长都是很重要的，它可使你变得更坚强，变得更自信。让弱者敬仰你，让强者畏惧你。

逆境是锻炼人才的沃土，是培养能力的摇篮。首先，人类的历史就是从类人猿克服逆境走出森林开始的,他们是最早的人才;其次,孟子说:"生于忧患,死于安乐",人的本性便是避难趋易,在顺境中人容易骄傲,只有在逆境中人才能把压力变成动力,推动事业成功。

例如:卧薪尝胆的越王勾践;奥斯特洛夫斯基在他双目失明,全身瘫痪之后,写出了《钢铁是怎样炼成的》一书;爱迪生经历了几千次失败终于发明了电灯;曹雪芹经历家族被抄的逆境而写成《红楼梦》;屈原流放作《离骚》;左丘失明著《国语》……这些例子都说明了逆境出人才。

安逸的生活环境,在给人享受的同时让人也产生了惰性,而逆境则激发人的斗志,并走上成才的道路。像王安石所作的《伤仲永》中的神童仲永,就是一个明显的例子,就是因为生活过于安逸,以至于神童变成了庸才,而华罗庚从小在艰苦的环境中生活,经过许多磨砺之后才成为著名的数学家。

由此可见,在没有掌声的环境中,在风雨里成长的孩子,长大后才受得了挫折的考验。

俗话说:"宝剑锋从磨砺出,梅花香自苦寒来。"逆境是块磨刀石,它能磨砺出奋发向上的意志和百折不挠的精神。所以请大家坚信:逆境出人才!当你遇到逆境时不躲闪,勇敢面对,并战胜它,使逆境成为你人生中的一道美丽的风景线。

在自然界中,狼之所以成为强者,是在逆境中锻炼,在风雨中成长,在生存考验中成熟,在与强大对手的角逐中脱颖而出的结果。狼在遇到困境的时候，总是充满自信，因为它们知道，只有在逆境中锻炼自己，才能成为强者，才能在自然界生存，几乎每一只狼长大以后都能成为优秀的狼。

自身的素质决定一切，不要遇到问题就怨天尤人，越是逆境，越可以锻炼人。人生中的逆境，对于意志坚强的人来说，逆境只不过是展示其毅力的一个平台，是其奋斗的一个缩影。所以在做人的时候，要做就一定做强者。

有很多人害怕逆境中的痛，但没有想到痛苦就意味着分娩，意味着有新生事物的出生。而且很多时候痛苦也是进步的表现，只有克服了来自逆境的痛，才能达到更高的境界。

任何一个人随时都会遇到逆境，当一个人生活在逆境中，未必是坏事，当你坦然面对逆境的时候，你就会发现逆境能够锻炼人，造就人。所以，走过逆境，呈现在你眼前的或许就是一片蓝天。

每件事都是把"双刃剑"，我们所见到的最明显的一面是它的害处，其实逆境也一样，在逆境中能够使一个人锻炼成为一个强者，当人处在逆境的时候，常常会令人思索一些问题，这些问题在一帆风顺时是想不到、想不深的；它能令人认识一些事物，这些事物在欣欣向荣时所认识不到、认识不深的。

逆境与机遇是并存的，机遇是每个人都会得到的，逆境是每个人也都能遇到的，当你处于逆境中的时候，你不但不该自卑，反而应当感到这是一个机遇，因为那是你在逆境中锻炼的一个机遇。从而你才能走出事业的逆境，走向事业的成功，走向事业的辉煌。

在逆境中锻炼非常重要，因为任何一个人的一生都不会一帆风顺，随时都会遇到逆境，懦夫在它的面前停滞不前，而勇士却在它的面前再一次获得新生。所以人的一生中离不开逆境。

逆境是创造强者的境域，没有了逆境对于强者来说就意味着没有了思想之源。所以人们只有在逆境中不断锻炼，方能成为一个强者。

我们应该正确面对逆境，因为逆境是我们的恩人，并非仇人。因为在逆境中我们可以锻炼其"克服逆境"的能力。正如，农民所种的庄稼，如果一帆风顺，不经历风吹、雨打、日晒，是不可能长出果实的；森林中的大树，它经过了不同的暴风猛打搏击过千百回，最后得到了十分结实的枝干。所以人也一样，在逃避、遭遇种种逆境时，他的人格、本领就会长结实。一切逆境都是足以帮助我们、锻炼我们锲而不舍、永往直前的意志。

在我们人生的道路中，只有经历了困苦，才能让我们得到经验、欢愉。灾祸的折磨，足以助我们发现"自己"。困苦、逆境，仿佛是将他的生命炼成"美好"的铁锤与斧头。唯有逆境、困难，才能使一个人变得坚强、变得无敌。

在人的成长过程中，如果遇上逆境，就应该乐观地面对它，并克服它。因为成功的人都是在逆境中才能变得更加坚强、自信、坚定。反之，当一个人一直在顺境中过着优越的生活，最终只会"锻炼"出懦弱、自负的性格。逆境是每个人人格完善的肥沃的土壤，在逆境中，人生会变得色彩斑斓。所以当你遇到逆境的时候一定要坚强面对，让你的人生变得更加灿烂、有色彩。

真金是从火中淬炼出来的，强者是在逆境中磨炼出来的。逆境是促使人奋发向上的动力，请那些成长在逆境中、生活在艰难困苦中的人，特别是青少年，不要悲伤，不要哀怨，不要让不利的环境束缚住自己的手脚，而应该舒展开自己的双臂，去拼搏，去创造！

人的一生中，无论成败得失都不可能常伴左右，在逆境中生存才会升华自我，面对成败得失，不应大喜大悲，应以平凡心去面对，不经过外面的风雨怎么增强自己的能力与见识？所以当你遇到逆境时，一定要克服它，并且要好好珍惜它。

从古至今，成大事之人，无不是在逆境中奋发而一鸣惊人。逆境是锻炼一个人的意志和心境的一种途径。能够在逆境中锻炼成为强者的人崭露头角，而那些面对逆境就逃避的人将埋没于历史。我们应该牢记"生于忧患而死于安乐"，只有努力在逆境中锻炼，才能成为强者。

逆境是成长者必经的过程，能勇于接受逆境的人，生命就会日渐茁壮。

在逆境中，人们可以积累大量经验。当人身处逆境时要比在顺境中操劳得多。于是逆境之中的思考与总结、探索与创造的过程，就是人们增长才智、积累经验的过程。

另外，在人的一生中难免会遇到一些逆境，郭沫若曾说，艰难环境一般是会使人沉沦下去，但是在具有坚强毅力、积极进取的人面前，却可以发挥相反的作用。环境越是困难，越能抖擞精神、发奋努力，这就是所谓"艰难困苦，玉汝于成"。

不错，顺境有利于成长，但是，相对而言，逆境更有利于人的成长，人人都有惰性，在顺境的条件下这种惰性便会增长。所以人总是在条件艰苦的时候潜能发挥得越充分，获得成功的可能性越大。由此可见，逆境更有利于人的成长。

逆境有利于人的成长，因为人只有在逆境中，才能更深刻地反省自己，只有不断地反省自己，人才能不断成长。所以，与顺境相对而言，逆境最有利于我们成长。

当一个人身处逆境的时候，既能增强他的韧性，激发他的斗志，也能磨砺锋利的尖刃，使其不会伤害到别人和自己。能够经得起逆境考验并取得成功的人，我们应该为其喝彩。

其实我们如果仔细想想，多数会觉得逆境有利于人的成长，因为在逆境中对人的思想起到很大的磨炼，对他的人生有很大的启示，通过磨炼，可以让人随时都保持一个好心态，而且会影响到他以后做的每一件事，包括做人与交朋友。

在已经成功的人群中，多数人会认为，不经过逆境的人生不是一个完整的人生。所以我们对待逆境要有一个平和的心态，要勇于面对、勇于挑战，要用乐观的态度去审视它，相信自己一定行，要记住：天道酬勤。

在逆境中可以增长人的知识和见识。当我们发现，这条路我们走错的时候，我们就可以多知道一条错的路是怎么走的。就像爱迪生制作灯丝一样，他花了20年的时间，做了5万多次实验，才成功地发明了的电灯灯丝，通过爱迪生发明的例子，我们可以想象他在这5万多次的实验中积攒了多少经验，最终才得到了成功。

我们要向爱迪生一样，在逆境中，遇到困难的时候不要逃避，一定要勇敢面对，困难像弹簧，你强他便弱，你弱他便强，最终你会征服逆境，使它成为你人生中一道美丽的风景线。

能够在人生的逆境中生存，对人的意志是一种磨炼。正是当我们尝到了逆境的苦，才使我们看到生活中的甜；正是由于逆境的磨炼，才使得我们能够对自己的信念义无反顾、执着追求。只有接受逆境的锻炼，才能使我们的人生更加精彩。

从逆境里出来的人才是生活的强者，因为逆境能锻炼人的意志，支撑起人的灵魂。所以我们在遇到逆境的时候，该有的反应不是逃避，而是勇敢面对，接受逆境对我们的锻炼。

在人的一生中，逆境与顺境相比，逆境更加能够锻炼人的意志，不幸的遭遇和艰难的环境不但能够开拓人的大脑思维，而且能够使人积累丰富的生活经验，这是任何钱财都不能取代的，面对逆境时，我们要勇于和它打招呼，而不是逃避。

当我们成功地从逆境中走过后，我们将会充满自豪，因为逆境塑造并锻炼了我们，在逆境的坎坷荆棘中，我们日渐成熟；暴风骤雨中，我们始终坚持信念；惊涛骇浪中，我们毅然挺立。因此，我们应该感谢逆境这位良师益友，是它让我们变得更加坚强。

九、超越失败——自信是成功的第一秘诀

成功的道路上,非常重要的就是提升自信,因为对自己都怀疑,不知道自己有没有这个能力,你就很难有一种强大的潜力发挥。人的自信心,对于成功是一个非常重要的因素,很多伟人之所以成功,是因为他们首先能在信心上鼓舞自己也鼓舞同伴,而且给对手一种巨大的压力。

自信就是要相信和信任自己,激发自己去奋斗和拼搏的斗志,自信绝对不是一个空洞的口号,而是一个渴望成功的人必须具备的素质,一定要让它扎根在灵魂的深处,跟随自己的心脏和血液一起跳动流淌。

美国作家爱默生也说过:"自信是成功的第一秘诀。"自信是成功的重要精神支柱,如果没有自信,别说无法获得成功,从某种角度来说,也是对生命的亵渎。因为如果你没有自信,认为自己任何事情都做不成,那么你活着还有什么意义呢?人生需要自信,想要成功,必须要有自信,要有"天生我材必有用"的信心和豪情。

"自信是成功的第一秘诀",无论从事哪种行业,如果遇到困难就放弃的话,就没有今天的业绩了。世界级的推销大师哥特曼曾经说过:"推销从被拒绝开始。"

如果你不接受拒绝是不可能学会做推销的,曾经有人做过一个

有趣的调查,就是调查美国、日本、韩国、巴西四个国家的推销人员在30分钟的谈判过程中,客户或潜在客户说"不"的次数,也就是遭到拒绝的次数结果为:日本人是2次;美国人是5次;韩国人是7次;巴西人最多,42次。

信心是一种积极的心理暗示,有信心的人不容易被困难击垮,而没有信心的人,在遇到挫折时,通常很快就否定了自己的能力,放弃了让自己通向成功的机会。所以,在很多时候,打败你的不是外在环境,而是你的心,被自己打败的人,别人给予再多的帮助都是无力的。一个纽约商人看到一个衣衫褴褛的尺子推销员,顿生一股怜悯之情。他把1美元丢进卖尺子人的盒子里,准备走开,但他想了一下,又停下来,从盒子里取了一把尺子,并对卖尺子的人说:"你跟我都是商人,只不过经营的商品不同,你卖的是尺子。"几个月后,在一个社交场合,一位穿着整齐的推销员迎上这位纽约商人:"你可能已经记不得我了,但我永远忘不了你,是你重新给了我自尊和自信,我一直觉得自己和乞丐没什么两样,直到那天你买了我的尺子,并告诉我我是一个商人为止。"

推销员一直把自己当作乞丐,不就是因为缺乏自信吗?但是从纽约商人的一句话中,他找到了自信,并开始了全新的生活。从中我们不难看出自信心的威力。缺乏自信常常是性格软弱和事业不能成功的主要原因。毛主席以其无比的自信,带领全国人民,在严峻的国际局势中傲然屹立于全世界。同样,一个人要想获得成功,也必须建立自信,那么建立自信时,应该把握好哪些要点呢?

我们说没有自信就没有成功，如果说你对自己都怀疑，那么你每一步都会走得有几分胆怯、几分心虚，最后的结果也是不会理想的。要有自信，要做到以下几点。

我们有时候不敢迈步出去，最大的障碍是自己，自己觉得害怕，自己认为不行。其实，只要我们充满自信，就会营造一种心理优势。

刘翔在每次比赛之前都显得非常轻松，脸上尽显笑容，接受记者采访的时候，总是以乐观的心态直面记者的提问，他还没有拿到奥运金牌之前就有记者采访他："刘翔，你的目标是什么？"

"拿金牌，我不相信中国人在田径上，真的就比别人落后，我不相信！"正是由于他确定了这样一个"誓夺金牌"的目标，也坚定了必胜的信心和决心，刘翔在比赛中才能战胜常人无法想象的心理和生理压力，最终勇夺桂冠，成为世界第一！

苏联有位著名的撑竿跳高选手——布勃卡。布勃卡是当时当之无愧的撑竿跳高之王。

在开始比赛的时候，他坐在一边看他的那些竞争对手，不断地跳过去，等别人都跳不过去了，他才上场，他把别人过不去的那个高度，作为他的起跳高度，这样一来就给对手极大的压力，因为布勃卡对自己充满自信：你们都跳不过去的高度，却是我起跳的高度！

唐代诗人李白曾经说过："天生我材必有用"，相信自己，就是要相信我们是有价值的，这种价值表现在我们能够为社会、为他人创造价值，而且社会、他人也认同我们为他们提供的产品和服务。

只有真正相信自己具有价值，才能充分发挥出自己的价值，如果你认为自己毫无价值或者利用价值很低，那么你将真的发挥不出你的才能，自己应有的巨大的人生价值也将被埋没。这样做的结果，等于是为自己的人生设限，你所能达到的成就会永远超不出你为自己设计的高度。如果你真的相信自己，并且深信自己一定能实现梦想，你就真的能够步入坦途，而别人也会更需要你。

有一次，一名意志消沉的经理前去寻求美国著名成功学家拿破仑·希尔的帮助，他因为合伙人的破产而变得一无所有，拿破仑·希尔让他站在厚窗帘的前面，并且告诉他："你将看到这世上唯一能使你重获信心并且克服困境的人。"在窗帘底下其实是一面镜子，因此，当拿破仑·希尔将这块窗帘拿开，出现在这位经理面前的不是别人，正是他自己。他用手摸摸自己长满胡须的脸，对着镜子里的人从头到脚打量了几分钟，不禁陷入了沉思，过了一会儿便向拿破仑·希尔道谢，而后离去。几个月后，他再度现身在拿破仑·希尔面前，但已非当时意兴阑珊的失意者，而是从头到脚打扮一新，看起来精神焕发、信心十足的样子。他告诉拿破仑·希尔："那一天我离开你的办公室时还只是一个流浪汉。我对着镜子找到了自信，现在我找到了一份薪水不错的工作，我确信自己从前的成功肯定还会再次降临。"

只有相信自己的价值，才能把握住自己，相信自己的价值具有独特性，而不会在乎别人怎么评价自己，唯有自信，才是你成功的最可靠的资本。

蜚声世界影坛的意大利著名电影明星索菲亚·罗兰之所以能够成为令世人瞩目的超级影星，与她对自己价值的肯定以及强烈的自信是分不开的。

为了生存，以及对电影事业的热爱，16岁的罗兰来到了罗马，想在这里涉足电影界，没想到，第一次试镜就失败了，所有的摄影师都说她够不上美人标准，都抱怨她的鼻子和臀部。没办法，导演卡洛·庞蒂只好把她叫到办公室，建议她把臀部削减一点儿，把鼻子缩短一点儿。

一般情况下，许多演员都会对导演言听计从，可是，小小年纪的罗兰却非常有勇气和主见，拒绝了对方的要求，她说："我当然懂得我的外形跟那些已经成名的女演员颇有不同，她们都相貌出众，五官端正，而我却不是这样，我的脸毛病很多，但这些毛病加在一起反而会更有魅力呢！我要保持我的本色，我说什么也不会改变自己！"正是由于罗兰的坚持，使导演卡洛·庞蒂重新审视，并真正认识了索菲亚·罗兰，开始了解并欣赏她。

罗兰没有对摄影师们的话言听计从，没有为迎合别人而放弃自己的个性，没有因为别人的轻视而丧失信心，所以她才得以在电影中充分展示她那与众不同的美，后来荣获奥斯卡最佳女演员金像奖。所以，别人看得起，不如自己看得起。只有相信自己的价值，

充分认识自己的长处，才能保持奋发向上的劲头。

世界上每个人看事情的角度是不一样的，所以绝不要企求得到每一个人的赞扬。

因为人的修养不同、观念不同、观察的角度不同，甚至是审美的动机不同，所以世界上的人对任何事物的看法都各不相同。

所谓仁者乐山、智者乐水，见仁见智、各不相同。同样的事、同样的人，常常会遇到不同的待遇，产生不同的结果，因为人世间每一个人的眼光各不相同，理解事物的角度也不尽一致。

所以遇到困境要运用正确的思维方式，不要完全相信你听到的、看到的一切，也不要因为他人的指责、鄙视而轻视自己，产生自卑感。你要有一颗平常心，要坚定自己的信心，不受他人，特别是负面东西的影响，自信而不自满，善听意见却不被意见所左右，执着但不偏执，表现出了一个自信的人所应有的那种大家风范，坚定地朝自己的目标走下去，要知道"有自信心的人，可以化渺小为伟大、化平庸为神奇"。

人各有所长，各有所短，在做事的时候，少做或不做严重超出自己能力范围的事，一定要注意发挥自己的长处，避免自己的短处，这样就可以避免不必要的挫折。如果你总是做与你能力不适应的事情，老拿你的短处与别人的长处比，那么你很容易产生自卑感，挫伤自己的信心。学会激励自己建立自信，要正确对待挫折和失败。自信是一种内在的东西，需要由你个人来把握和证实，要善于肯定自己、激励自己。与成功一样，强烈的自信并不是一夜之间建立起来的,需要有个过程,要善于在一些微不足道的突破和成绩中发现自己的进步,充分肯定它,适当奖励一下自己,鼓励自己再加把劲,这样就能得到一点自信。

在建立自信的过程中,一定要有勇气面对别人的讥讽和嘲笑,自我激励的办法之一是运用临时性的激励办法。学会自我激励,要给自己一个习惯性的思想意念,如果你在内心经常存有失败的念头,你便已经输掉了一大截。

十、从失败走向成功

刚过而立之年的李宇松有着与他的年龄不相称的人生经历,从顺境到自办企业破产后的痛苦,从行销、生产到卖场型企业主管角色的转换,每一次经历都是他的人生财富,一次次经验的累积,赋予他担负一家大企业管理重担的知识和能力。

大学毕业,在一家医疗器械企业工作的李宇松原准备当一辈子工程师。在一次出差的路上,老总即兴谈起的销售让他着迷。把产品卖出去是公司最重要的事,年轻气盛的他决定去做这个最重要的事。凭着与生俱有的那种与人打交道的能力,初出茅庐的他很快获得价值十多万元的订单。拿到第一笔提成,又被提升为销售经理,油然而生的成就感,使他对销售这个职业充满了无限向往。然而,好景不长,不久公司在国家整顿经济秩序中被淘汰出局。

　　命运似乎特别眷顾李宇松，他转到北京恒升公司，依旧一帆风顺。开始他被分配到门市部做销售，门店不大就3个人，为解决销量上不去的问题，着急上火的老总承诺，谁让销量翻一番，谁就当门市部经理。李宇松盘算了一下，另外两个老业务员总是悄悄地把客户拉到别的门市去做，如果能管住业务不流失，那么翻一番是能做到的。于是，他自告奋勇地担起了这副担子，销量如预期那样升上来。之后他用了一年时间建立起全国销售体系。

　　业务量的增长，在企业地位的提升，使他萌生出自己当老板的想法。1995年，怀揣几年积攒的钱，他辞职到大连办了一家小公司，做起兼容机和DEC机器代销。半年后，有了一定的收入，他开始飘飘然，把办公室搬到豪华写字楼，增加一倍人员，想再多赚一些钱。结果钱赔了个精光，还附带了一些欠款，身无分文的他只得打道回府。回来后，痛苦万分的他彻夜不眠，最后他想清楚了，失败是过分强调个人力量所致，一个好的销售平台是员工们共同建造的，个人的成功离不开平台提供的许多看不见的知识和资源。

　　走出失败的阴影，重新振作起来的李宇松又开始了新的工作。1998年，被招募到TCL麾下的李宇松被委任为山西首席代表。他单枪匹马自己开车来到山西，按图索骥找到办事处，才发现办公室是三间租用的民宅。从家电转向电脑的TCL正处于创业期，摆在李宇松面前的工作千头万绪。分析市场后他认为，新品牌竞争不激烈，有一定的市场需求，把TCL的品牌优势和销售政策向销售渠道讲清楚，是可以打开市场的。主流品牌断货，刚巧是个机会。他邀请当地四五十家经销商，召开了一个代理商大会。很快产品打开了销路，TCL电脑在山西的销售量得到提升，公司将山西经验推广到了其他地区，李宇松也因此得到公司老总的赏识，被调任TCL电脑总部销售管理中心任经理。

回忆在TCL总部工作的经历，李宇松深有感触地说："TCL给了我学习机会，通过系统培训，我了解了生产企业的全过程，看到了企业经营的全局，知道了每个环节扮演的角色，懂得了厂商、代理商和客户的关系，这些都为我后来的工作打下基础。"

宏图三胞新的销售模式使李宇松看到了未来渠道的发展方向，2002年8月受总裁袁亚非之邀，他就任江苏宏图三胞科技发展有限公司执行总裁。

李宇松到任后，首先对内部管理结构进行了调整。他在前平台设立了11个产品事业部，让每个产品经理管理1~5个品牌，负责向上游厂商争取最大资源，进行产品线选择、定价、大用户及批发和零售支持。让企划部配合产品事业部，做好产品规划、市场推广、促销活动、广告宣传。技术管理部门则负责技术和销售支持、产品检验、大用户方案制订。向上游企业采购、采购计划审核、货物运输、需求信息分析及财务、售后服务等工作则交由后平台负责。李宇松解释这么做的好处时说："宏图三胞经营的产品有上千种，需要卖什么有什么，又不产生大量的库存，需要一个井然有序的物流、信息流、资金流管理平台做支撑。其实内部资源的合理分配、有效利用也能节省开支。比如，打一次广告14个卖场共同分享，分摊到每个卖场、每个产品上的费用就很低。"

宏图三胞在开卖场的同时尝试着做过一些批发，但由于零售业务是参照家电模式设计的，批发业务开展得不理想，公司准备取消这项业务。李宇松认为，IT产品70%的销售来自集团采购，卖场型公司如果只专注于零售，等于自动放弃巨大的商用市场。政府采购是重头必须加强，但批发业务也不能忽视。县市级市场有大量靠我们自己无法服务到终端的客户，当地经销商由于远离中心市场，很难得到最好的服务和价格。采用传统广开渠道的批发模式，很难处理好卖场与渠道的关系。如果我们扮演坐商的角色，把卖场仓库作为小经销商的库房，通过媒体传播价格信息，让代理商主动上门批货，这个矛盾就能迎刃而解。

进军批发领域的工作部署完毕，忙碌了很长时间的李宇松不敢稍有松懈。他知道，3月批发业务全面展开后，接踵而来的事情还很多，他正为新一轮的竞争做准备。

一个人怎样才能算一个成功的人，相信不甘平庸的你也一定思考过这个问题。有的人可能说事业有成就是成功的人；有的人可能认为挣很多钱就是成功的人；有的人则认为受人尊敬就是成功的人……当然，你可能有不同的观点。

越来越多的人开始在这个多元化的世界实现自己的目标，一个成功的人，是能不断完成自己目标的人。成功是一个广泛的话题，用事业有成或金钱来衡量一个人是否成功显然已经不被现代人接受，每个人都有自己的观点，但成功的人，一定是可以不断完成自己目标的人。

一个人可能会有很多目标，生活、工作、学习、情感各方面都会有，当他一步步完成自己的一个个目标时，我们就可以说，他是成功的，很多人不知道如何设立目标以及如何有效地去实现目标，还有很多人经常出现虎头蛇尾、三分钟热度的情况，这些都严重影响到了其目标的实现。

其实我们不要去和别人比，这样很容易让我们偏离自己的目标，到头来空自后悔。我们只需按照自己的计划一步步行动，当完成了一个个目标时，我们已经是一个成功的人了。

有一位青年毕业于音乐学院，虽然想要继续做音乐，但只能在一家企业的宣传部工作。上班第一天，他就陷入了苦恼之中，因为一直以来他都只是专注于音乐，而公司交给他的工作却与音乐丝毫没有关系。他既觉得可惜，又不想放弃对音乐的迷恋。很显然如果长期在这家公司做下去，未来会变得更加黯淡，结果自身的音乐才能也将会被消磨掉。

犹豫再三，他最终决定，既然已经在公司上班，那么不妨将这里变成"适合我明天的地方"。于是他建议上司，作为公司宣传部宣传活动的一环，组建一个乐队。正好这个时期是公司正要扩大公司规模，增进与消费者沟通、提高产品知名度的时机，他的建议被采纳。他开始积极招募团员，准备乐室和乐器，开始了练习。

他为了将乐团的水平提高到最高水准付出了辛勤努力。随着时间的流逝，乐团逐渐步入正轨，演奏实力也有了飞跃式的提高。两年后，该乐团被公认为在该地区演奏水平是最高的，他也在该区被评为最有实力的指挥。

他将失败带来的剩余资产，即用不上自己专业知识的公司职员的身份和公司的宣传部这个资产，将它们投资到了更加辉煌的成功计划里。他不但没有离开公司，反而更加热爱本职工作了。他就像那条游向钓鱼者的鱼，找到了将失败转为成功的方法。

圣雄甘地因急着赶车，所以一不小心将左脚的鞋子弄掉了。火车开了，甘地没有任何犹豫，将右脚的鞋也脱下来，扔向了左脚的鞋掉落的地方。反正自己已经不能穿了，不如让他人穿一双完整的鞋子吧！这是当时发自内心的、一种本能的行为。

将失败转换为成功的第二种方法，就是将你的失败转化为别人的成功。

将自身的失败转化成他人成功最让人感动的，也许应是泰瑞·福克斯（Terry Fox）。

泰瑞·福克斯是一位加拿大的青年，年仅18岁的他就被告知患有骨癌，为了防止癌细胞扩散，右腿做了截肢手术。在医院接受治疗的时候，因为看到患癌症的儿童所受到的痛苦，决心为癌症的治疗和研究筹集资金。1980年4月12日，泰瑞·福克斯在纽芬兰省的圣约翰市将他的假肢在大西洋中浸了一下水，然后开始了他的长跑。他原本的计划是横跨加拿大，跑遍10个省，最终到达不列颠哥伦比亚省，将他的假肢再浸一下太平洋的海水。但9月1日，当他跑到安大略省雷湾附近的时候，因为癌细胞扩散，身体情况恶化，被迫退出。他实际跑了143天，5374千米，平均每天40千米左右，大约相当于一个全程马拉松。他用他那并不健全的身体创造出了奇迹。

1981年6月28日，23岁的泰瑞·福克斯在家中逝世。此时，他仅仅完成了行程的一半，但他所募集到的善款已经达到了2417万美元（约4亿加币），超过了加拿大当时的总人口数，也就是说，泰瑞完成了他的心愿：让每个加拿大人都捐出一加币。泰瑞·福克斯给无数人带来了勇气。在自身的不幸中，寻找帮助别人的机会，将癌症这个本人的灾祸转换成对别的患者的祝福。结果，我们永远记住了这个名字。这到底是一个失败的人生，还是一个成功的人生？

在向愿景航行的过程中，我们也许会遇到暗礁，也许会因意外的不幸而不得不放弃自己的梦想。在这个时候，你应从"必须要由我来做"的阴影中摆脱出来。你自己不行，但你可以帮助你的同事、你的朋友来完成这个愿景，向他们传授你的经验和知识。自己一个人不行，可以与其他人一起做，结果同样可以完成你的愿景。

《与你在巅峰相会》的作者金克拉（Zig Ziglar）曾这样说："还记得吗？重要的不是你身上发生了什么事，而是你是怎样管理的！就是它会给你的人生带来变化。"

如果你能够坚持这种态度，就可以随时将失败转化为成功。

小品《不差钱》尽管在央视春晚仍被命名为赵本山的小品，但成就的却是其徒弟小沈阳。他模仿刘欢、刀郎、阿宝的惟妙惟肖和穿着苏格兰裙的满口"黑色幽默",都令观众过目难忘。小沈阳彻底地红了,拥有了更多喜爱他的观众。但小沈阳还算不得是一夜成名,此前小沈阳三次与春晚失之交臂,其成名之路可谓艰辛坎坷。2007年春节之前,赵本山就曾带着爱徒小沈阳露面央视的相声小品大赛,但因为表演尺度的原因在播出时掐头去尾;2008年1月,已经红遍东北的小沈阳在赵本山的力荐之下,得以参加当年央视春晚审查,送选节目《我要当明星》,小沈阳惟妙惟肖地模仿了刀郎、刘德华、张雨生、阿杜、阿宝的演唱,技惊四座,可惜最终被认为"与春晚主题不够相符"而遭毙。很多人都羡慕小沈阳的"一夜成名",其实,他在成名之前,已经饱尝了失败的滋味。

　　是金子,总有一天会闪闪发光;是千里马,总有一天会驰骋疆场。一时的失败并不可怕,可怕的是遭遇挫折而一蹶不振,失去奋斗的勇气。只要满怀信心地面对生活,没有过不了的坎儿,而失败的痛苦里却常常蕴藏着成功的甜。

　　如果正在卖水时,突降暴雨,那么你的卖水生意就会失败。但是会有新的机会,将水扔掉去卖雨伞也许会成功。

　　不要因失败或者自己的不足而灰心,应找出并将它转换为成功的方法,人生不会因为没有攻克桥头堡就失败,它只是提醒你还没有到达目的地。这种失败并不意味着你应退出,而是告诉你,你应该更加努力,还意味着在提醒你:到了将失败转为成功的时候了。

　　在人生的道路上,失败与成功如影随形,谁都无法逃避,关键是如何把握,只有真正做到胜不骄、败不馁,成功时不忘自警,失败时不失勇气,及时反思,成功才会永远伴随着你。

在这个世界上,从来没有绝对的失败,有时只需稍微调整一下思路,失败就有可能向成功转化。只要我们在跌倒的地方向前跨出了那正确的半步,成功就唾手可得。

后记：失败的下一步是不再失败

当你合上《二十几岁必修的5堂失败课》这本书时，你会发现，原来失败根本算不上什么，它只不过是一只"纸老虎"，只要你懂得如何去应对这些暂时的"不成功"，那么你终将迎来美好的未来。

青年者，人生之春也。作为21世纪朝气蓬勃的青年学子，更应该珍惜青春美好的时光，努力拼搏，创造属于自己的辉煌。但天有不测风云，通向未来的道路从来不是一帆风顺的，在通向成功的过程中，可能会遇到各种各样的挑战，有的挑战可能暂时把我们搞得手足无措。钢是在烈火和急剧冷却里淬炼出来的，所以才能坚硬无比。

有位诗人曾说过："如果你不能成为大道，那就当一条小路；如果你不能成为太阳，那就成为一颗星星。决定成败的不是尺寸的大小，而在于你能不能做一个最好的自己。"大海中，对于一艘没有罗盘的船，任何方向的风都是逆风。而一个人的人生也是一样，一个人的成长罗盘一旦失灵，便犹如失去航向的帆船，在人生的风雨中迷失自己，甚至会让一路长歌的"生命号"永远沉没！一位成功者说过:"能找到自己的方向,并引领自己前进的人,整个世界都会给他让路。"所以,每一位渴望成功者都应认识自我,点燃理想,寻求指点、面对现实、批准定位。因为只有这样,才能让生命的罗盘重新鲜活,这样的人生才能成功!

不管何时,你都要明白:失败的未来是不再失败。如果红花没有绿叶的衬托,它就不会美丽;如果玉石没有经过人类的雕刻,它就不会成宝;如果没有失败的磨炼,就一定不会成功。失败不是终止,也不是休止符,而是成功的开始。

但是,我们也必须从失败中总结教训,更加努力,争取在以后做得更好!人的一生中总有失败,失败只是暂时没有成功。在遭遇失败时,我们不妨对自己说:"失败只是暂时的。"只有经得起成功,更经得起失败的人,才是真正的成功者。只要比别人多一点自信、多一点努力、多一点坚持,你也一样能获得成功。

二十几岁的年轻朋友们,为了我们自己的梦想而努力吧!请坚信:人生道路上不可能一帆风顺,没有失败,哪里来的成功?